1億人の インターネット広告

ヒットを生み出す最強メソッド

エムディエヌコーポレーション

清野 奨　津之地佳花　嵩本康志
村岡雄史　平岡雄太
堀口英剛　染谷昌利
共著

エムディエヌコーポレーション

JN060300

はじめに

まず、本書を手にとったみなさんに質問があります。

今日、あなたはどのくらいインターネットを利用しましたか？

人によっては30分くらい、もしくは2時間以上と差はあるかもしれません。ですが、まったく利用しなかったという方はほとんどいないでしょう。

スマートフォンの全世代所有率は85.1%（2019年2月時点）となっており、10代〜20代の所有率は約9割にものぼります。スマートフォンの発売以降、人々が常にインターネットに接続する「常時オンライン化」が急激に進みました。その結果、ECサイトでの洋服購入やソーシャルメディアでの体験投稿、YouTubeでの動画視聴、ストリーミングによる音楽鑑賞など、さまざまな行動が時や場所を選ばずに行えるようになり、人々のライフスタイルも様変わりしています。

2020年現在、私たちの消費活動の中心がインターネットになりつつあることは間違いありません。そして、それに合わせてビジネスの場も移り変わってきています。

多くの人にインターネットの利用習慣がつき、インターネットで新しい商品やサービスを知り、調べ、そして買うのが当たり前になっています。つまり、これからはビジネスにインターネットを取り入れなければ成長が難しい時代なのです。

本書では、この成長の推進力を担うインターネット広告の活用方法について解説しています。リスティング広告やディスプレイ広告といったベーシックな広告フォーマットはもちろん、SNS広告、動画広告、アフィリエイト広告、タイアップ広告といった多様なインターネット広告について紹介し、第一線で活躍する執筆陣による鮮度の高い情報とノウハウが詰まっています。

インターネット広告費は2018年時点で1兆7589億円。2020年にはいよいよテレビ広告を抜くと言われています。また、2020年は高速・大容量通信規格「5G」が本格的に稼働する年ですから、ネット環境はさらに劇的に進化していくことでしょう。

まさに今が転換期です。

本書をきっかけにあなたのビジネスが成長して成功に近づくことを、著者一同願っています。また、願わくば実践を重ねて、より大きな成果へとつなげていただければ幸いです。

著者を代表して　村岡雄史

Contents もくじ

Chapter 2 SNS広告

Chapter 5 アフィリエイト広告

Chapter 6 タイアップ広告

インターネット広告を
取り巻く環境

インターネット広告の現状

現在のプロモーションにおいて、インターネットの存在を無視することはできません。インターネット広告を活用する前に、その影響力と拡散力について、現状をしっかりと把握することからはじめましょう。インターネット広告の実力がわかれば、どれだけのコストと労力を掛けていいのかが見えてくるはずです。

インターネット広告の現在地

　一般的に、テレビ、新聞、雑誌、ラジオを4大マスメディアと呼びます。従来の広告は、基本的にはこの4大マスメディアが中心でした。しかし、インターネットが登場して以降、この状況が大きく変化しています。2019年2月に電通が発表した「2018年日本の広告費」によると、日本国内における総広告費6兆5,300億円のうち、インターネット広告が占める割合は26.9%（1兆7,589億円）と、テレビに次ぐものとなっています。つまり、すでにインターネット広告の市場は、4大メディアのうち、ラジオ、雑誌、新聞の3つのメディアを凌駕しているのです **01** 。

参考URL

2018年 日本の広告費
https://www.dentsu.co.jp/
knowledge/ad_cost/2018/
media.html

4大マスメディアとインターネット以外の広告出稿メディアとしては、看板広告、交通広告、ポスティング広告などがあります。

01 総広告費の内訳

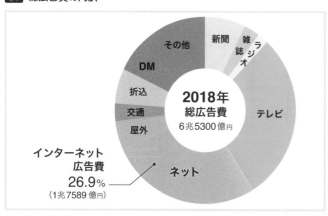

スマートフォンの登場がインターネット広告の形を変える

インターネット広告の中心は、長らくバナー広告が担っていました。しかし、インターネット回線の高速化と、なによりスマートフォンの登場が、インターネット広告の形を大きく変えました。

総務省が発行している平成30年版情報通信白書によると、「個人がインターネットを利用する機器の割合」はスマートフォンが59.7％でパソコンの52.5％を上回っています **02**。

今後、この傾向はさらに強くなることが予想されます。つまりインターネット広告は、机の前に座ってパソコンを操作するようなシーンより、移動中の電車内や寝る前のベットの中などスマートフォンならではの利用シーンを想定していく必要があります。そして、その際に重要となる存在が、SNSと動画です。

02 インターネット利用端末の種類

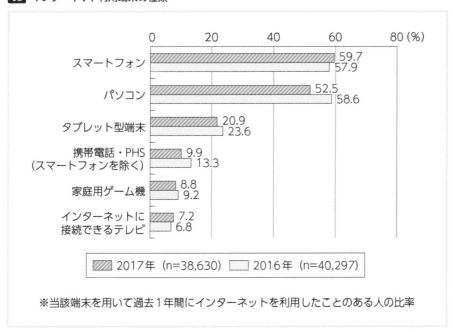

※当該端末を用いて過去1年間にインターネットを利用したことのある人の比率

平成30年版 情報通信白書（https://www.soumu.go.jp/johotsusintokei/whitepaper/ja/h30/html/nd252120.html）

スマートフォンとSNSの関係

スマートフォンの普及によって、ソーシャル・ネットワーキング・サービス（SNS）の利用者は急増しています。

「平成30年版 情報通信白書」によると、インターネットで利用する機能・サービスでSNSは全体で54.7％となっています。

さらに、13歳～19歳、20代～30代までは60％を超えていま

さらに、13歳〜19歳、20代〜30代までは60％を超えています **03**。また、2016年から2017年の1年間で見た場合、ほぼすべての年代で利用率が上昇しています。

スマートフォンとSNSによって、ユーザーはどこからでも情報を発信したり、情報を受け取りそれを拡散したりすることが可能となりました。SNSで繋がっている人からもたらされた情報は、他のメディアよりも共感と信用を得られやすい傾向があり、プロモーションへの活用も進んでいます。

SNSには様々な種類がありますが、日本国内においてアクティブユーザーが多いSNSはLINE（8,100万人）、Twitter（4,500万人）、Instagram（3,300万人）、Facebook（2,600万人）となっています。また、動画に特化したSNSとして急速にユーザー数を伸ばしている「Til Tok」（950万人）も注目されています。

参考URL

We Love Social「【2019年11月更新】人気SNSの国内＆世界のユーザー数まとめ（Facebook、Twitter、Instagram、LINE）」
https://blog.comnico.jp/we-love-social/sns-users

03 年齢階層別ソーシャルネットワーキングサービスの利用状況

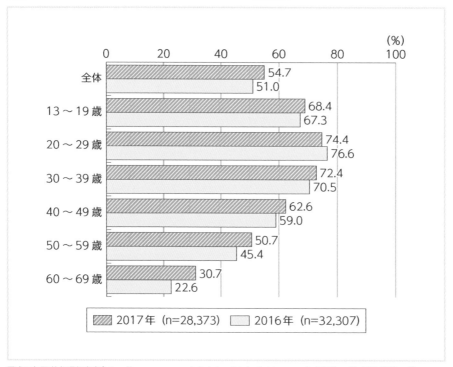

平成30年版 情報通信白書（https://www.soumu.go.jp/johotsusintokei/whitepaper/ja/h30/html/nd252120.html）

● スマートフォンと動画の関係

　現在、ネットワークの高速化とスマートフォン画面の高画質化により、インターネット上には動画のコンテンツが急増しています。それに伴い、近年ではスマートフォンで動画を見る習慣が根付いてきました。

　動画は、文字テキストや画像以上に、多くの情報を伝えることができます。また音声をつけることができるので、視覚のみならず聴覚にも訴えることができます。

　何千文字ものテキストを読むよりも、数分の動画を見た方がわかりやすく、記憶にも残りやすくなります。それがインパクトのある面白い動画であれば、SNSで拡散されていきます。

　2020年から開始される5Gは、4Gと比較して通信速度が最大100倍になると言われています。今後、スマートフォンで再生される動画広告の需要は、ますます高まっていくことでしょう。

インターネット広告の種類

　かつて、インターネット広告と言えばバナー広告でしたが、近年では様々なタイプの広告が存在しています。その代表的なものについて紹介しましょう。

● リスティング広告

　ユーザーが検索したキーワードに関連する広告を、検索結果画面に表示するものを「リスティング（検索連動型）広告」といいます。現状、日本国内で利用されている検索エンジンは、Googleが約74%、Yahoo!が約19%となっているため、基本的にはこの2つの検索エンジンに出稿する広告を指します。なお、広告として表示されるものはテキストのみです（→CHAPTER1）。

● SNS広告

　SNS上で表示される広告のことです。タイムライン上に表示される投稿タイプの広告が一般的ですが、それ以外にもSNSの特徴にあわせた様々なタイプの広告があります（→CHAPTER2）。

● ディスプレイ広告

　ウェブサイトの決められた位置に表示される、いわゆるバナー広告です。以前のバナー広告は、そのウェブページを訪問したすべてのユーザーに同じ広告が表示されていましたが、現在では配信するユーザーのターゲティングができるようになりました。また、画像だけでなく動画も表示可能です（→CHAPTER3）。

検索エンジンのシェアを世界全体で見ると、Googleが90%以上のシェアをもっています。日本は比較的Yahoo!のシェアが高く、広告掲載媒体としては無視できない存在です。

● YouTube (動画) 広告

　広告を配信できる動画プラットフォームは様々なものがあります。ただし、ユーザー数などを見るとYouTubeが圧倒的となっているため、動画を用いたプロモーションではYouTubeの利用を検討するのが一般的です。

　YouTubeの広告は動画の前や途中に表示されます。大きく分類するとスキップ可能な広告とスキップできない広告がありますが、どちらも短い時間で視聴者を惹きつけるインパクトが重要となります(→CHAPTER4)。

　YouTubeでは、動画広告の他に「ディスプレイ広告」や動画下部に表示される「オーバーレイ広告」などがあります。

● アフィリエイト広告

　ニュースサイトや個人のブログなどから商品紹介とともにリンクを貼ってもらい、そこから成果が発生した場合にサイト運営者に対して報酬を支払う広告です。「成果報酬型広告」とも呼ばれます。

　一般的にはASP (アフリエイト・サービス・プロバイダ) と呼ばれるサービス提供業者を介して管理します。成果が生まれてから広告費を支払うスタイルなので、コスト面でのリスクは低いとされています(→CHAPTER5)。

● タイアップ (ネイティブ) 広告

　広告を配信するメディアが広告主と一緒に作成したコンテンツ形式の広告をタイアップ(ネイティブ)広告と言います。タイアップ広告は、ネット広告以外でも古くから利用されていたスタイルの広告です。コンテンツ形式で掲載することで広告色が薄まり、信頼を得られやすくなります。ただし、近年ではステルスマーケティングが問題視されているため、PRであることを明記するなど、しっかりとした運用が必須です(→CHAPTER6)。

ネット広告を利用する前に準備しておくこと

　ネット広告を利用する前には、事前に準備しておかなければならないことがいくつかあります。その代表的なものを紹介しましょう。

● 流入先となるウェブページ (ランディングページ)

　ネット広告の大半は、購入や申し込み用のウェブページに流入させることが目的となります。そのため、流入先となるランディングページは必須です。

なお、広告とランディングページの内容やイメージが合わないと、せっかく訪問してきたユーザーが離脱してしまう可能性が高まるので注意が必要です。

● クレジットカード

ネット広告の多くは使用料をクレジットカードで支払います。なお、Google広告は以下の要件を満たした場合は請求書発行で支払うことが可能です。

参考URL

Google広告ヘルプ 「毎月の請求書発行によるお支払い」のご利用申し込み

https://support.google.com/google-ads/answer/2375377?hl=ja

- 会社を登録してから1年以上が経過していること
- 有効な Google 広告アカウントを1年以上良好な状態で保有していること
- 過去12か月のうち、支払い額が5,000ドル以上(この額は国によって異なります)の月が3回以上あること

このように、請求書を発行してもらうには一定の取引実績が必要なので、開始時点ではクレジットカードが必須となります。

● 各種アカウント

広告サービスを利用する際には、そのサービスのアカウントが必要となります。

例えば、Google広告であればGoogleのアカウント **04** が、Yahoo!広告であればYahoo!ビジネスID **05** が、SNS広告であればそれぞれのアカウントが必要です。なお、YouTubeはGoogleアカウントでログインできますが、チャンネルの作成が必要となります。

企業の場合、法人としてアカウントを取得することになるので管理の方法はしっかりと決めておきましょう。

04 Googleアカウント取得ページ

https://myaccount.google.com/intro

https://promotionalads.yahoo.co.jp/topics/cp/ld201911/

● 広告のクリエイティブ

　ディスプレイ広告であればバナー画像が、動画広告であれば広告用の動画が必要です。リスティング広告の場合はテキストだけですが、それでもわかりやすくて魅力的なコピーの作成は必要となります。なお、これらクリエイティブの仕様は広告を配信するプラットフォームごとに異なるので、事前にチェックしておくようにしましょう。

ネット広告は運用しながら改善していく

　ほとんどのネット広告は、予算や配信期間を細かく設定することが可能です。また、配信する広告のクリエイティブも、随時変更が可能となっています。

　多くのネット広告は、なんらかの分析ツールが無料で提供されています。これらを使って現状を確認し、課題があれば改善を繰り返すことで、効果が高まっていくのです。

　しかし、何事もやってみて続けなければ、確認すべきデータも生み出せず、課題も改善点も見つかりません。ネット広告で成功する秘訣、それは「試す」こと、そして「続ける」ことなのです。

Chapter 1

リスティング広告

(Google広告+Yahoo広告)

🔍 中古車　安い

広告 mdn-chukosha.com

MdN 中古車｜安心の実績
中古車買うなら MdN

MdN の中古車販売ならあなたのほ
しいあの車が見つかります。

全国約550店舗・累計取引台数333万…
先月の閲覧回数：10万回以上

section 01 リスティング広告とは

Q 中古車　安い

広告 mdn-chukosha.com
MdN 中古車｜安心の実績
中古車買うなら MdN
MdN の中古車販売ならあなたのほ
しいあの車が見つかります。
全国約550店舗・累計取引台数333万…
先月の閲覧回数：10万回以上

リスティング広告はGoogleやYahoo!などの検索エンジンでユーザーが検索した際に、検索結果にウェブページへのリンクを表示できる広告で、「検索連動型広告」とも呼ばれます。低予算からはじめられる上に、費用対効果も比較的高い傾向にあるため、多くのビジネスモデルで活用しやすい形態の広告となっています。

リスティング広告とは

リスティング広告は、GoogleやYahoo!などの検索エンジンと連動してテキストとURLで広告を表示するネット広告の手法で、検索連動型広告とも呼ばれています。検索エンジンで探しものをしたユーザーのキーワードに合わせて広告を表示するため **01**、目的やターゲット層を絞って広告を出稿できます。多種多様なビジネスモデルで活用することが可能で、特定のターゲットへ訴求できるので費用対効果もよい傾向にあります。

リスティング広告は「PPC（Pay Per Click）広告」、または「クリック課金型広告」に分類されます。Pay Per Clickは「クリックごとに支払う」という意味ですが、リスティング広告では、ユーザーに広告が表示されただけでは予算が発生しません。ユーザーが広告をクリックした時にはじめて広告費が発生する仕組みになっています。

また、リスティング広告は、たとえば新聞広告などのように一度作成して掲載したら終わりではなく、配信後も入札額やキャッチコピーなどを改善しながら運用していくことができます。このような広告を「運用型広告」といいます。

検索連動型広告以外の運用型広告の例としては、コンテンツ連動型広告があります。コンテンツ連動型は検索結果の画面ではなく、ウェブサイトのページの中の内容に合わせてテキストや画像などのバナーや動画の広告を配信します **02**。

参考URL

Yahoo! JAPAN広告「ディスプレイ広告」
https://promotionalads.yahoo.
co.jp/service/ydn/

01 検索連動型広告の表示エリア

Google広告におけるリスティング広告では、検索一覧の上部に表示されます。

02 コンテンツ連動型広告の表示エリア(Yahoo!広告ウェブサイトより)

Yahoo! JAPANで表示されるディスプレイ広告では、決められたバナーエリアに表示されます。

● 検索連動型とコンテンツ連動型の違い

　検索連動型ではGoogleやYahoo!などの検索エンジンでユーザーが入力したキーワードに合わせて広告を配信します。一方、コンテンツ連動型ではウェブメディアの記事やニュースなどのコンテンツの内容に応じて広告を配信します。

　検索連動型では配信形式はテキストのみですが、コンテンツ連動型では、画像や動画も広告として配信することができます **03** 。

　検索連動型は、指定したキーワードでユーザー自身が検索した

際に表示される広告です。つまり、ユーザー自身が能動的に商品やサービスを探している状態なので、これらの顕在ユーザー層の獲得に適しています。

一方、コンテンツ連動型ではユーザーは関連するコンテンツを見ているだけなので、商品やサービスを探しているわけではなく、姿勢としては受動的です。このため、まだ商品やサービスを知らない潜在ユーザー層の認知を獲得したい場合や、興味を喚起したい場合に適した広告形態です。

なお、本章（CHAPTER1）ではリスティング広告として検索連動型広告を解説し、コンテンツ連動型広告の詳細はディスプレイ広告としてCHAPTER3で解説していきます。

例えば「旅行保険に入りたい」といった目的が明確なユーザー層に訴求したい場合は「旅行 保険」などのキーワードで表示される検索連動型広告が有効です。「今年の夏休みはどこに行こうかな？」と漠然と考えている段階のユーザー層はそのようなキーワードでは検索しませんから、旅行ガイドページなどにコンテンツ連動型広告を表示することで、「こんな旅行保険があるのか」と存在をアピールできます。

03 配信できる広告の種類

検索連動型	コンテンツ連動型
・テキスト	・テキスト ・画像 ・動画

幅広いビジネスモデルで活用できるリスティング広告

現代では欲しい物の情報を調べる時や、疑問や問題がおきた時の解決方法を調べる時に多くの人が検索エンジンに頼っています。特定の世代だけではなく、小さな子どもから年配の方まで多くの方がスマートフォンやパソコンを利用して様々な場所から検索エンジンで情報を得ています。

例えば「渋谷 居酒屋」などのキーワードで、特定の地域のお店を探したり、「国内旅行 おすすめ」といったようにざっくりとした欲求からキーワードを選んで検索するようなこともあります。リスティング広告は、特定のキーワードを検索するターゲットに訴求する場合に効果的な広告手法です。テレビCMや新聞などのマス広告とは違い、低予算で始められるので、大手企業や中小企業だけではなく、店舗や個人事業主などの小規模事業者にとっても利用しやすい広告手法です。

リスティング広告はクリックされた分だけ支払うクリック課金制

リスティング広告はクリックされた時に費用が発生する「クリック課金型」であると同時にクリックの単価を入札する「オークション制」になっています。この入札する金額をクリック単価とよびます。

リスティング広告では、クリック単価の入札額だけでなく、広告の品質（品質スコア・品質インデックス）も上位に表示されるための判断基準となります。指定したキーワードが検索された場合、クリック単価と品質を合わせて計算した上で、評価が高かった順に広告が表示されます。広告費は、ユーザーが広告をクリックした際に発生する仕組みです。

テレビや新聞などの場合、広告の効果が皆無だったとしても費用は発生します。しかしリスティング広告の場合、まったく広告がクリックされなかった場合は費用が発生しません。掛かった費用分の効果は確実に得られるのがリスティング広告が持つ最大の特徴なのです。

**品質スコア
（品質インデックス）**

品質スコアは、広告やキーワード、ランディングページの品質を表す指標です。広告やランディングページとユーザーの関連性が高いほど品質スコアが高くなります。品質スコアが高くなると、入札単価を低くおさえつつ、広告掲載順位を上げることが可能です。なお、Google広告では「品質スコア」、Yahoo!広告では「品質インデックス」と呼ばれます。

参考URL

Yahoo!広告ヘルプ「品質インデックス」
https://ads-help.yahoo.co.jp/yahooads/ss/
articledetail?lan=ja&aid=1043

Google広告ヘルプ「品質スコアとは」
https://support.google.com/google-ads/
answer/140351?hl=ja

参考URL

Google広告ヘルプ「オークション」
https://support.google.com/google-ads/
answer/142918?hl=ja

SEOとリスティング広告

検索結果で表示順位を上げるための施策としてはSEO（検索エンジン最適化）があります。SEOでは、ページ中のキーワードや構成を調整したり、キーワードに関連のあるコンテンツを作成して外部からのリンクを受けたりすることで、ページの評価を上げて上位に表示されるようにしていきます。

しかし、SEO施策の結果が出るまでには、少なくとも3か月は掛かります。狙ったキーワードで上位表示されるには、長い時間とコンテンツへの投資が必要なのです。

すでに狙ったキーワードで上位に表示されている場合は、その他の関連キーワードでも上位を狙いやすくなります。しかし、新規でウェブサイトを立ち上げる場合や新しいキーワードで上位を狙う場合には、中長期での戦略が必要となります。

一方、リスティング広告は、クリック単価と広告の品質を調整すれば、すぐに上位に表示されます。このような即効性と確実性がリスティング広告のメリットです。

SEO

Search Engine Optimizationの略で検索エンジン最適化を意味する言葉。基本的に、Googleの検索エンジンで上位に表示されるためにウェブサイトを最適な状態にすることを意味する。

リスティング広告には「広告」と表示されているので、ユーザーがクリックし難いという傾向が少なからずあります。しかし、検索したユーザーの意図と広告内容が一致していれば、「広告」と表示されていたとしても、クリックされる可能性は高まります。さらに、リスティング広告の場合はSEOの施策とは異なり、広告主が意図したキーワードを選定できるため、狙ったターゲットにリーチすることができます。

イベントの広告など期間が短いプロジェクトの場合はリスティング広告を活用し、中長期的に検索エンジンを通してユーザーを獲得したい場合はSEOとリスティング広告を併用していくとよいでしょう。また、両方活用する場合、広告を始める初期段階では8：2でリスティング広告を行い、SEOでも結果が出てきたら割合を均等にしていくとよいでしょう。

Column

最適なSEOはコンテンツの充実

2019年時点における世界の検索エンジンシェアはGoogleが約93％となっています。ちなみに、日本ではGoogleが約74％、Yahoo!が約19％となっています。ただし、Yahoo!はGoogleの検索エンジンを利用しているので、事実上SEOはGoogleの検索エンジンに最適化することとなっています。

現在のSEOでは、コンテンツの充実が重要であるとされています。

Googleが公開している「ウェブマスター向けガイドライン（品質に関するガイドライン）」では、Googleがウェブサイトを認識し、ランク付けをするプロセスにおける要素として、「情報が豊富でわかりやすく正確なコンテンツ」を挙げています。

参考URL

・stat counter
　https://gs.statcounter.com/
・Search Consoleヘルプ「ウェブマスター向けガイドライン（品質に関するガイドライン）」
　https://support.google.com/webmasters/answer/35769?hl=ja

リスティング広告のデメリット

小額から開始できるリスティング広告には、始めるハードルもリスクも低いという大きなメリットがあります。その一方で、リスティング広告にもデメリットがあります。

①人気キーワードの高騰によるコスト増

　リスティング広告はキーワードをオークション形式で入札していくため、人気のあるキーワードは単価が高騰する場合があります。現在はそこまで高くないキーワードでもライバルの参入などでクリック単価が倍以上に上がってしまうこともあります。

　１クリックごとに広告費が上がってしまうので、１か月の広告費に換算すると、その差はとても大きくなります。人気のあるキーワードをどうしても利用したい場合は注意が必要です。

②運用のコストが掛かる

　リスティング広告は、ターゲットを絞って広告を配信できます。しかし、広告が多く人にクリックしてもらえたとしても、それが商品の購入やサービスのお問い合わせ・申し込みなどの目的達成につながるかはわかりません。もし、広告がクリックされているのにも関わらず目的が達成されない場合は、キーワードの選定を仮説をもとに検証して、より効率・効果の高い広告運用を目指すことが必要となります。

　近年では機械学習によりキーワードの選定も自動化することが可能となっています。しかし、それがすべての広告で効果があるとは限りません。より高い効果を狙うためには自動化と合わせて人の手で調整しなければならないため、運用の手間とコストが掛かります。

③継続的に広告費が掛かる

　検索結果への表示という観点から考えた場合、SEOは上位に表示されるようになった後は、頻繁な順位変動は起きなくなるので投資価値が高い施策とされています。一方、リスティング広告の場合はクリックのたびに予算を消化し、掛ける予算がなくなれば二度と表示されないので、継続的に広告費用が必要になってきます。

　リスティング広告におけるデメリットを３つ挙げましたが、これらを差し引いても、リスティング広告は多くの業種や職種、事業規模の大きさに関わらず広く使われている費用対効果の高い広告手法です。特徴をしっかりと理解して運用していきましょう。

リスティング広告において、人気のあるキーワードと人気のないキーワードは、単純なユーザーの検索回数からは決まりません。たとえば、「○○ 購入」というキーワードはユーザーによる検索回数がそれほど多くなくても、購入に直結する検索ですから人気が高くなります。

リスティング広告の改善は、広告のクリック率を上げることと同時に、広告をクリック後に表示されたランディングページでのコンバージョン率（予約や購入などの行動をとってもらえる確率）を上げることも含まれます。詳しくはP48以降で解説します。

<table>
<tr><td></td></tr>
</table>

section
02

Google広告/Yahoo!広告を利用する方法

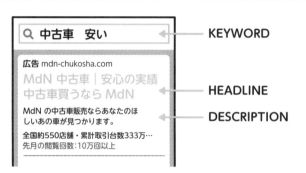

リスティング広告は検索エンジンと連動した広告です。つまり、検索エンジンのシェアがそのままリスティング広告のシェアになります。ここでは、世界そして日本において大きなリスティング広告のシェアを持つ、Google広告とYahoo!広告の使い方について簡単に解説します。

2つの主要なリスティング広告プラットフォーム

　日本で利用されている主要なリスティング広告プラットフォームはGoogleが提供するGoogle広告とYahoo!Japanが提供するYahoo!広告の2つです。なお、各プラットフォームによって提供されるサービスやパートナーサイトにも広告が提供されます。利用ユーザー属性の違いはありますが、リスティング広告としての基本的な違いはありません。

　日本での検索エンジンのマーケットシェアはGoogleがデスクトップ **01**・モバイル **02** ともに70％を超え、最も使われている検索エンジンとなります。一方でYahoo!Japanは2位で、モバイルに関しては25％ほどのマーケットシェアを獲得しており、主婦層のユーザーが比較的多いと言われています。

　プラットフォームごとにユーザー属性が異なるため、同じ広告を出稿しても違う反応が返ってくることもあります。商材によって使い分けたり、両プラットフォームとも運用する手もありますが、まずはGoogle広告でリスティング広告の運用を始めるとよいでしょう。

Google広告の特徴

　Google広告は世界最大の検索サイトを運営するGoogleが提供する広告出稿サービスです。リスティング広告以外にもディスプレイ広告・モバイル広告・アプリ広告・YouTube広告などを

Google広告で出稿・管理できます。前述のとおり日本国内でも最大のシェアを持つため、さまざまな属性やターゲットにリーチできる世界最大の運用型広告プラットフォームとなっています。

Googleの提供するGoogleアナリティクスと連携して、より詳しく効果測定を行ったりリマーケティング機能を強化したりなど、機能が多彩でかつリスティング広告以外の手法とも連携できる拡張性を持つのがGoogle広告の特徴です。

Google広告の機能は、後述するディスプレイ広告やYouTube広告でも使用します。ネット広告を利用する際には避けては通れないものなので、使い方をしっかりと理解しておきましょう。ただし、Google広告は頻繁に改良が加えられるので、本書で紹介している手順や機能名が変わってしまっている可能性があります。もし、不明な点がある場合はGoogle広告のオンラインヘルプを確認しましょう。

リマーケティング

過去に自社のウェブサイトを訪問したユーザーやモバイルアプリを利用したユーザーに広告を表示する手法。

参考URL

Google広告
https://ads.google.com/intl/ja_JP/home/

Google広告ヘルプ
https://support.google.com/google-ads/

01 日本のデスクトップのサーチエンジンマーケットシェア2019

赤：Google、黄緑：Yahoo!
(https://gs.statcounter.com/search-engine-market-share/desktop/japan/#yearly-2009-2019)

02 日本のモバイルのサーチエンジンマーケットシェア2019

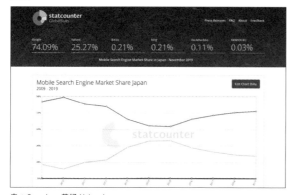

赤：Google、黄緑:Yahoo!
(https://gs.statcounter.com/search-engine-market-share/mobile/japan#yearly-2009-2019)

1 コンバージョンタグの設定

広告をつくる前にまず、コンバージョンタグを作成し、広告から遷移するページや申し込み完了通知ページに埋め込みます。

コンバージョンタグは、Google広告のコンバージョントラッキング機能を動作させるコードです。リスティング広告は設定後に審査を通過したらすぐに広告が表示されるので、広告設定前に設置しておく必要があります。コンバージョンの数値は入札単価設定の自動化の際に重要になるので必ず設定しましょう。なお、コンバージョンの設計についてはP49をご覧ください。

ここでは、ウェブ上でのクラフトビール購入をコンバージョンとし、購入後に「ご購入ありがとうございました」と表示するサンクスページにコンバージョンタグを設置するケースを例に手順を紹介します。

コンバージョンタグ

コンバージョンの成果地点となるウェブページに埋め込み、成果を測定するためのタグ。

**コンバージョン
トラッキング機能**

Google広告が提供している無料ツール。広告をクリックしたユーザーの、その後の行動（商品を購入した、ニュースレターに登録した、電話で問い合わせをした、アプリをダウンロードしたなど）を把握できる。

Google広告ヘルプ「コンバージョントラッキングについて」
https://support.google.com/google-ads/answer/1722022?hl=ja

① Google広告のページ（https://ads.google.com/intl/ja_JP/home/）からログイン

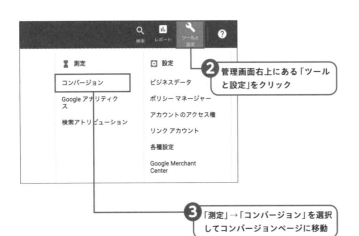

② 管理画面右上にある「ツールと設定」をクリック

③ 「測定」→「コンバージョン」を選択してコンバージョンページに移動

Google広告を利用するには、Google広告アカウントが必要です。Google広告アカウントの取得方法は、以下のURLを参考にしてください。

Google広告ヘルプ「Google 広告アカウントを作成する」
https://support.google.com/google-ads/answer/6366720?hl=ja

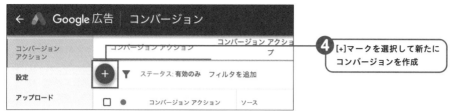

④ [+]マークを選択して新たに
コンバージョンを作成

⑤ トラッキングするコンバージョンの種類を選択する画面が表示される

⑥「ウェブサイト」を選択して
次の画面に

　続いて表示される画面でコンバージョンのアクションを作成し
ましょう。まずは作成するコンバージョンのカテゴリを選択しま
す。ここでは「購入」を選択し、すぐ下にある「コンバージョン名」
を入力します。

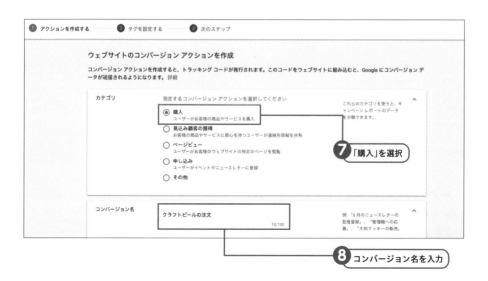

⑦「購入」を選択

⑧ コンバージョン名を入力

27

次にコンバージョンに価値を割り当てます。今回は販売している商品の価格が一律で3,000円かつ、すべての注文でコンバージョンをカウントする設定にします。価値は商材やコンバージョンの状況に応じて選択してください。

コンバージョン計測期間は30日間に設定されていることを確認し、左下の「作成して続行」ボタンをクリックします。

コンバージョン計測期間

広告クリック後からコンバージョンへ至るまでの計測期間。初期設定は30日間で、期間が短いと計測されないコンバージョンが増え、広告の価値を正しく把握できない。

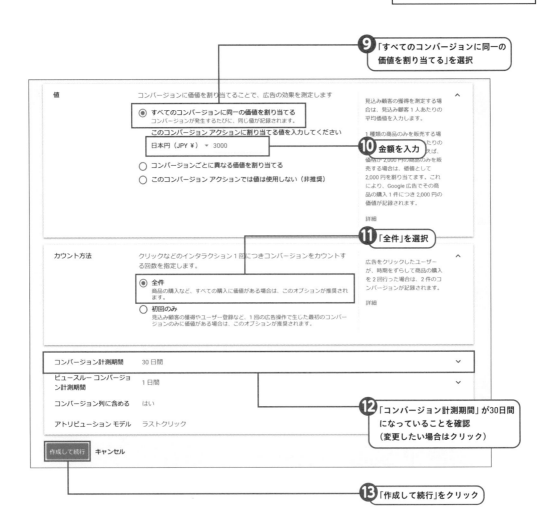

⑨「すべてのコンバージョンに同一の価値を割り当てる」を選択

⑩ 金額を入力

⑪「全件」を選択

⑫「コンバージョン計測期間」が30日間になっていることを確認（変更したい場合はクリック）

⑬「作成して続行」をクリック

コンバージョンアクションの作成が完了したら、ウェブページに貼り付けるタグを発行して設置します。Googleタグマネージャーを利用してタグを追加することもできますが、ここでは「タグを自分で追加する」を選択して手動で追加する場合を見てみます。

コンバージョン アクションを作成しました。次に、ウェブサイトに追加するタグを設定します。

タグを設定する　　　タグの追加方法を選択してください

⑭ 「タグを自分で追加する」を選択

「グローバルサイトタグ」と「イベントスニペット」が発行されます。「グローバルサイトタグ」をウェブサイト内のすべてのページの〈/head〉タグの直前に、「イベントスニペット」はコンバージョンページ（商品購入のサンクスページなど）の〈/head〉タグの直前にそれぞれ貼り付けます。コンバージョンページでは「グローバルサイトタグ」より後ろに「イベントスニペット」を貼り付けるようにしましょう。

ウェブサイトのソースコードの＜head＞～＜/head＞内に「＜!-- Global site tag (gtag.js)～」から始まる行がすでに存在する場合は、グローバルサイトタグ自体は設定済みです。この場合は「グローバルサイトタグはすべてのページにすでに設定されているが、別の～」を選び、表示される「gtag('config', 'アカウントID');」のコードのみを追加します。
なお、ここで貼り付けたグローバルサイトタグは、CHAPTER3で解説するディスプレイ広告のリマーケティング用のタグとしても使用されます。

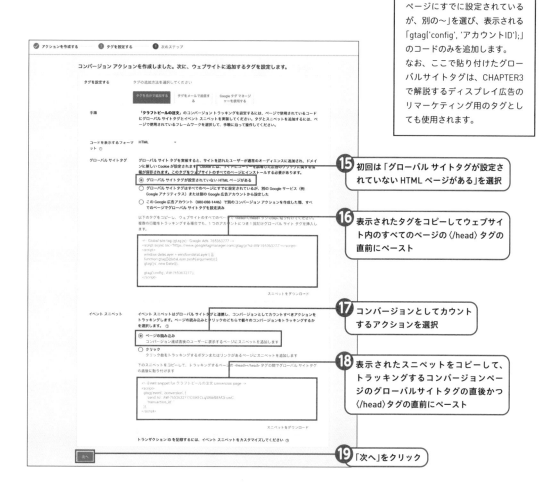

⑮ 初回は「グローバル サイトタグが設定されていない HTML ページがある」を選択

⑯ 表示されたタグをコピーしてウェブサイト内のすべてのページの〈/head〉タグの直前にペースト

⑰ コンバージョンとしてカウントするアクションを選択

⑱ 表示されたスニペットをコピーして、トラッキングするコンバージョンページのグローバルサイトタグの直後かつ〈/head〉タグの直前にペースト

⑲ 「次へ」をクリック

設定の完了画面が表示されたらコンバージョンの設定は終了です。コンバージョンページで登録したコンバージョンアクションが追加されているのを確認しましょう。

2 新しいキャンペーンを作成する

キャンペーンとはGoogle広告で広告を管理するための単位です。キャンペーンの中にはキーワード・広告の文章・リンク先のURLというリスティング広告に必要な3セットを含んだ広告グループを作成することができます。なお、キャンペーンの作成手順は、後述するディスプレイ広告やYouTube広告でも、ほぼ同様となります。

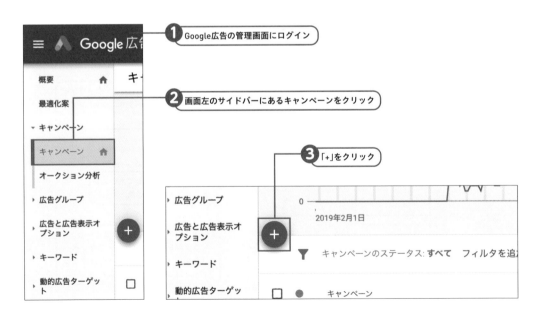

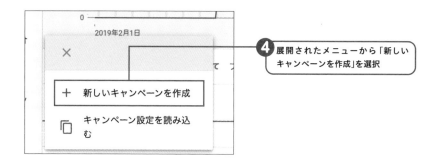

④ 展開されたメニューから「新しい
キャンペーンを作成」を選択

　キャンペーン作成では、最初に「このキャンペーンで達成した
い目標」、「キャンペーンのタイプ」、「どのように目標を達成する
か」の3点を決めます。

　まずはキャンペーンの達成したい目標を選択します。なお、利
用できる広告タイプは達成したい目標によって変化します。検索
連動型のリスティング広告の場合、販売促進、見込み客の獲得、
ウェブサイトのトラフィックのどれかを選択するとよいでしょう。
ここでは例として「販売促進」を選択します。すると下に「キャン
ペーンタイプ」の選択画面が表示されるので、ここで「検索」を選
択します。

⑤ 「販売促進」を選択

⑥ 「検索」を選択

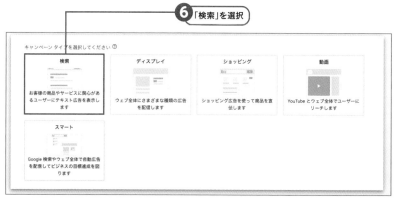

目標をどのように達成するかを選択します。この選択内容によって検索エンジンに表示される広告の内容が変わります。ここでは自社のウェブサイトやLP（ランディングページ）がある想定で「ウェブサイトへのアクセス」を選択します。

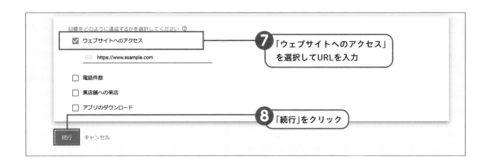

キャンペーンが新たに作成されました。続いて、キャンペーンの名前などの設定を行います。ほかの人が見ても「なんのための広告グループのまとまりなのか」がわかるようにキャンペーンに名前をつけましょう。ネットワークの項目ではディスプレイネットワークのチェックボックスを外し、検索ネットワークだけにチェックが入っている状態にします。

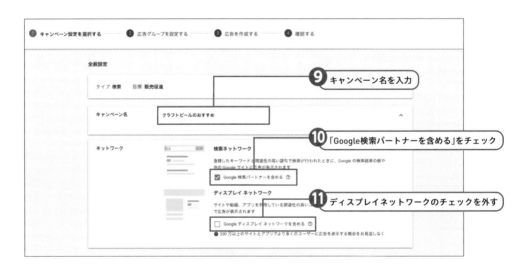

次に広告を配信するターゲットの地域や使っている言語の設定を行います。日本にいる日本語で検索する人が顧客の場合は、地域を日本とし、言語は日本語だけにしておくとよいでしょう。

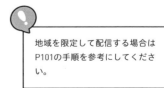

地域を限定して配信する場合はP101の手順を参考にしてください。

オーディエンスでは、配信するユーザーの属性を設定できます。オーディエンスを設定すると、キャンペーンの配信先が設定したユーザー属性に制限されます。ここでは、特にオーディエンスは制限しない設定とします。

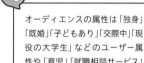

オーディエンスの属性は「独身」「既婚」「子どもあり」「交際中」「現役の大学生」などのユーザー属性や「育児」「就職相談サービス」などの興味のある分野をもとに、広告を表示するユーザー層を絞り込めます。

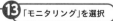

次に広告の予算と入札単価を設定します。予算は1日あたりの平均額を入力します。まずはざっくりとした1か月の予算を決めて日数で割った金額を「1日あたりの平均費用」に設定するとよいでしょう。リスティング広告は出稿するとすぐに表示されますが、選択するキーワードや広告の文章によってクリック率やコンバージョン率が変わってくるため、効果をきちんと測るために一定の期間は継続できるようにしましょう。

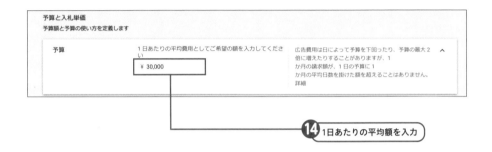

次に入札単価を設定していきます。ここでは手動のマニュアル設定ではなくGoogle広告のスマート自動入札を利用します。スマート自動入札とは、機械学習を用いて広告のコンバージョンを自動で最適化する機能です。検証や原因の特定が難しい時でも、スマート自動入札を利用すれば費用対効果の向上と時間の節約が見込めます。

スマート自動入札には、目標コンバージョン単価、目標広告費用対効果、コンバージョン数の最大化、拡張クリック単価（eCPC）という種類が存在しますが、今回は「コンバージョンの最大化」を選択しています。もし、コンバージョンごとに単価の上限が決まっている場合は「目標コンバージョン単価の設定」にチェックを入れて、単価を設定しましょう。

参考URL

Google 広告 ヘルプ「スマート自動入札について」
https://support.google.com/
google-ads/answer/7065882

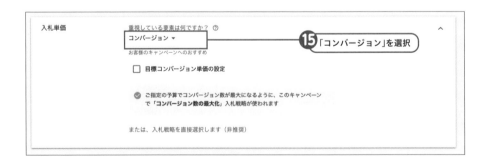

最後に必要に応じて広告表示オプションの設定を行います。必要がなければ画面左下の「保存して次へ」という青いボタンを選択しょう。

　なお、「広告表示オプション」とはリスティング広告の見出しや説明文以外の情報を追加できるオプションの項目です。ここでは電話番号や店舗の住所など必要に応じて追加することができます。

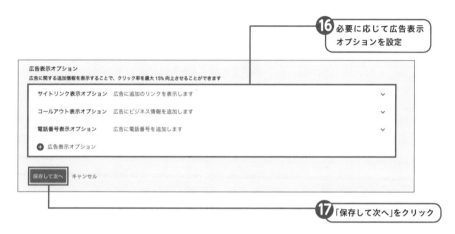

3 広告グループを設定する

　キャンペーンの作成が完了したら、キャンペーンの中で管理する広告グループを作成します。広告グループは「キーワード」、「広告の文章」、「リンク先のURL」の3つからなる広告のグループです。なお、キーワードと広告の文章は複数設定可能です。広告グループは広告の文章と関連するキーワードごとにわけて作成するとよいでしょう。

　まずは「広告グループ名」に広告グループの名前を入力しましょう。次に広告を表示したいキーワードを1行ずつ入力します。

　キーワードはそのまま入力すると部分一致、ダブルクォート（引用符）で囲うとフレーズ一致、ブラケット（[　]）で囲うと完全一致になります。このような仕組みをマッチタイプと呼び、広告が表示される対象を広げたり狭めたりする効果があります 01 。少ない予算で始める場合はターゲットを狭いところから狙っていくとよいでしょう。そのためマッチタイプは「絞り込み部分一致」と「完全一致」で、選定したキーワードを指定していきます。なお、目的ではないターゲットには除外キーワードを指定することもできます。

類似のキーワードがあってもクリックされない限り予算は消化されません。

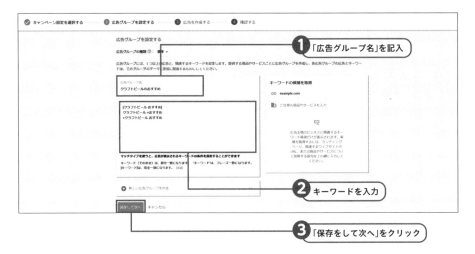

01 キーワードの絞り込み

マッチタイプ	キーワードの記述例	該当する検索の例
部分一致 指定語句に加え、他のキーワードや関連性のあるキーワードも含む検索	クラフトビール おすすめ	地ビール おいしい クラフトビール 人気 購入 おすすめ 地ビール
絞り込み部分一致 + で指定した語句またはその類似パターンで絞り込んだ部分一致	+ クラフトビール おすすめ	クラフトビール おすすめ 人気 クラフトビール ランキング
フレーズ一致 フレーズそのもの、またはフレーズの前後にほかの単語が追加された検索	" クラフトビール おすすめ "	クラフトビール おすすめ 人気 バー クラフトビール おすすめ
完全一致 指定語句または類義語で完全に一致する検索	[クラフトビール おすすめ]	おすすめ クラフトビール クラフトビール おすすめ

参考URL

Google 広告 ヘルプ「キーワードのマッチタイプについて」
https://support.google.com/google-ads/answer/7478529

4 広告を作成する

　次に広告の文章を作成します。広告の文章は広告見出しを最大
3つ、説明文を最大2つ、表示するウェブページのURLを1つ設
定できます。広告グループとキーワードが適切に設定されている
のを確認し、広告見出しと説明文などの詳細を入力していきまし
ょう。

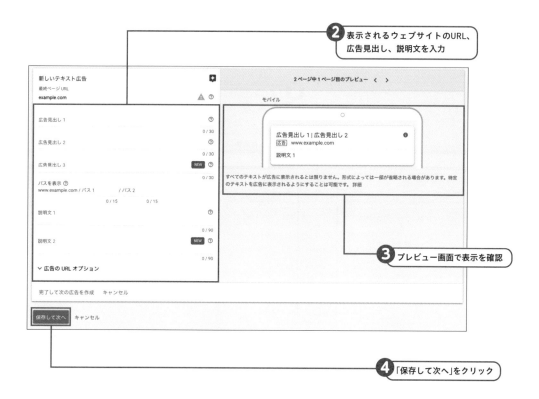

広告を作成する

すべての広告グループで、キーワードのテーマと関連性の高い広告を3個以上作成することをおすすめします。

広告グループ: クラフトビールのおすすめ　　　キーワード: [クラフトビール おすすめ], +クラフトビール +おすすめ, +クラフトビール おすすめ
クラフトビールのおすすめ

テキスト広告　　　　　　　　　　　　　　　　　　　　　　　　　　　レスポンシブ検索広告

処理中　　　　　　　　　　　保留　　　　　　　　　　　保留

❶ 広告グループとキーワードを確認

❷ 表示されるウェブサイトのURL、広告見出し、説明文を入力

新しいテキスト広告

最終ページ URL
example.com

広告見出し 1　　　　　　　　　　　0 / 30
広告見出し 2　　　　　　　　　　　0 / 30
広告見出し 3　NEW　　　　　　　　0 / 30

パスを表示
www.example.com / パス 1　　　/ パス 2
0 / 15　　　0 / 15

説明文 1　　　　　　　　　　　0 / 90
説明文 2　NEW　　　　　　　　0 / 90

∨ 広告の URL オプション

完了して次の広告を作成　キャンセル

2 ページ中 1 ページ目のプレビュー　〈 〉

モバイル

広告見出し 1 | 広告見出し 2
広告 www.example.com
説明文 1

すべてのテキストが広告に表示されるとは限りません。形式によっては一部が省略される場合があります。特定のテキストを広告に表示されるようにすることは可能です。詳細

❸ プレビュー画面で表示を確認

保存して次へ　キャンセル

❹ 「保存して次へ」をクリック

　設定した広告見出しと説明文は、画面右側のプレビュー画面でどのように表示されるか確認できます。

　広告のパフォーマンスを向上させるときは、ひとつの広告をあれこれ変更していくのではなく、複数の広告の結果を比較しながら改善していくのが王道です。商材に合うと考えられるすべての広告パターンを作成し、反応を見ながら取捨選択する形であれば、パターンの数が多いほどよい反応が出る確率も上がります。

　キーワードや商材の特徴を表現するフレーズなどは、狙っているターゲット層のニーズから考えると、より効果的な広告を作成できるでしょう。複数のパターンを作成するためにキーワードを入れ替えたり、広告見出しの順番を変更したり、類似のキーワードで展開したりするのもよいでしょう。

デバイスによっては、すべてのテキストが表示されない場合もあるので、重要な内容はそれぞれ広告見出し1と説明文1に入力しましょう。

広告の設定が完了したら、作成したキャンペーン内のサイドメニューで「広告と広告表示オプション」をクリックして、広告の各ステータスを確認しましょう。審査が進行中の場合は「審査中」、審査が承認された場合は「承認済み」と表示され、ユーザーに広告が表示されています。また「有効」の場合は審査中ではありますが、広告は表示されている状態です。「不承認」は審査に通らなかったことを示しているため、表示されているガイドラインやポリシーを確認したうえで、広告の文章を修正しましょう。

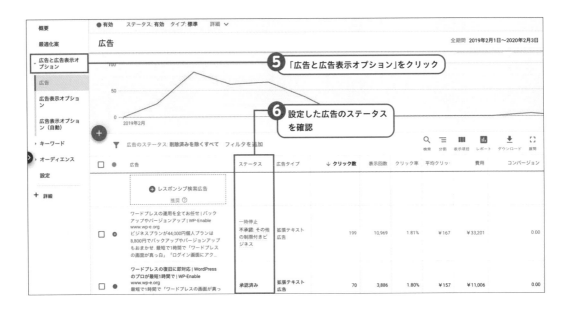

⑤ 「広告と広告表示オプション」をクリック

⑥ 設定した広告のステータスを確認

Column

キーワードプランナーを活用しよう

キーワードの選定にはGoogleの提供するキーワードプランナーを使い、1か月でどれくらい検索されているか、競合性などを調べることができます **01**。

01 Google 広告「キーワードプランナー」

https://ads.google.com/intl/ja_jp/home/tools/keyword-planner/

Yahoo!広告の特徴

Yahoo!広告はYahoo!JAPANが提供する広告出稿サービスです。Yahoo!広告ではリスティング広告とディスプレイ広告を合わせて設定・配信します。

Yahoo!JAPANで使われている検索エンジンは、Googleの検索エンジンをベースにカスタマイズされたものなので、検索結果は少し違いがある場合があります。

またYahoo!JAPANの利用ユーザー層は40～50代が多く、さらに主婦層の利用が多いとされており、65歳以上を対象とした場合はYahoo!のマーケットシェアが高くなる場合もあります。

機能面はシンプルですが、ユーザーの特性が商品やサービスと一致する場合は費用対効果がよく、効果的に広告を配信できます。またGoogle広告と同様にリマーケティング機能を提供しており、Googleではリマーケティングができない商材でもYahoo!広告では可能な場合もあります。

基本的な仕組みはGoogle広告と同じなので、ここではYahoo!広告の広告出稿をする操作手順のみを解説します。

Yahoo!広告の管理画面にログインするためには、事前にYahoo!Japanビジネス IDを取得する必要があります。詳しくは、以下のURLを参考にしてください。

「Yahoo!広告　お申し込みの前に」
https://promotionalads.yahoo.co.jp/service/sign-up/

1 キャンペーンの作成

❶ Yahoo!広告の広告管理ツールへログイン

❷ 「検索広告」のタブを選択して「キャンペーンの管理」を選択

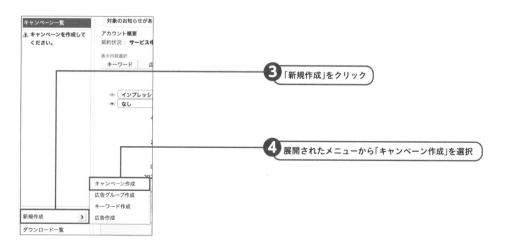

❸ 「新規作成」をクリック

❹ 展開されたメニューから「キャンペーン作成」を選択

キャンペーンの作成ページに移動すると、「キャンペーン名」や
オプションから広告のスケジュールなどが設定できます。

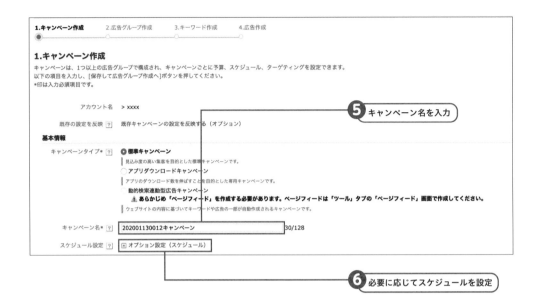

画面の下部に移動して予算の設定をします。ここではキャンペーンの1日の予算や入札方法を選択できます。デフォルトでは個別クリック単価が選択されているので、必要に応じて項目を変更しましょう。

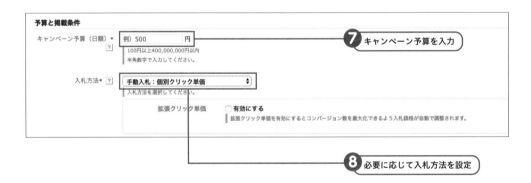

次にターゲティング設定を行います。この項目では広告を配信する地域や曜日・時間帯を設定できます。また、デバイスごとに入札単価を細かく調整することができます。設定が完了したら下部にある「保存して広告グループ作成へ」を選択しましょう。

2 広告グループの作成

　続いて「広告グループ名」や「広告グループ入札単価」や調整率
を設定します。なお調整率はPC、スマートフォン、タブレット、
それぞれで設定できますが無理に設定する必要はありません。

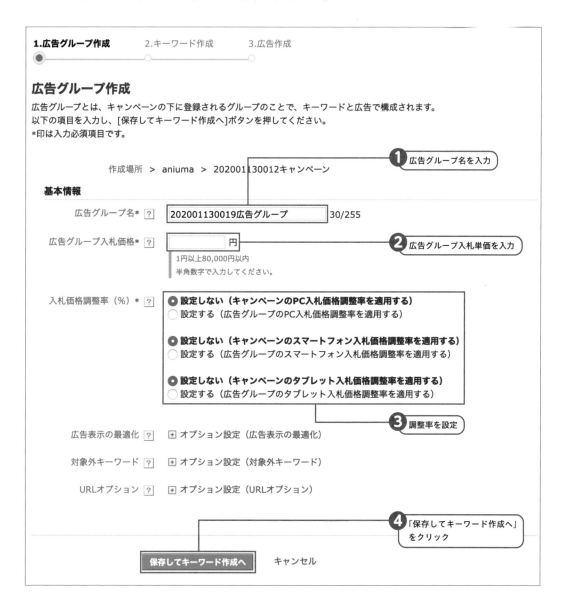

1.広告グループ作成　　2.キーワード作成　　3.広告作成

広告グループ作成

広告グループとは、キャンペーンの下に登録されるグループのことで、キーワードと広告で構成されます。
以下の項目を入力し、[保存してキーワード作成へ]ボタンを押してください。
*印は入力必須項目です。

作成場所　>　aniuma　>　202001130012キャンペーン

① 広告グループ名を入力

基本情報

広告グループ名*　?　| 202001130019広告グループ |　30/255

広告グループ入札価格*　?　| 　　　　　　|　円

② 広告グループ入札単価を入力

1円以上80,000円以内
半角数字で入力してください。

入札価格調整率（%）*　?
- ● **設定しない（キャンペーンのPC入札価格調整率を適用する）**
- ○ 設定する（広告グループのPC入札価格調整率を適用する）

- ● **設定しない（キャンペーンのスマートフォン入札価格調整率を適用する）**
- ○ 設定する（広告グループのスマートフォン入札価格調整率を適用する）

- ● **設定しない（キャンペーンのタブレット入札価格調整率を適用する）**
- ○ 設定する（広告グループのタブレット入札価格調整率を適用する）

③ 調整率を設定

広告表示の最適化　?　⊞ オプション設定（広告表示の最適化）

対象外キーワード　?　⊞ オプション設定（対象外キーワード）

URLオプション　?　⊞ オプション設定（URLオプション）

④ 「保存してキーワード作成へ」
をクリック

| 保存してキーワード作成へ |　キャンセル

3 キーワードを登録する

　キーワードの入力欄に1行ずつキーワードを入力していきます。Yahoo広告にもマッチタイプというキーワードの絞り込みや完全一致といった設定の種類があります。なお、キーワードを設定した後に「キーワードの見積もり」をクリックすると、広告クリック時の推定単価などが確認できます。

参考URL

Yahoo!広告ヘルプ「マッチタイプについて」
https://ads-help.yahoo.co.jp/yahooads/ss/articledetail?lan=ja&aid=973

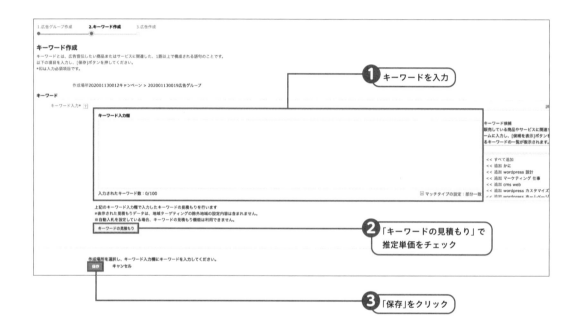

4 広告を作成する

　基本的に設定内容はGoogle広告と同じです。
　「広告名」には広告グループで各広告の見分けがつくような名前をつけましょう。「タイトル」には広告の見出しを入力し、「説明文」はサービスや商品の詳細を入力しましょう。「最終リンク先URL」には広告がクリックされた時のリンク先URLを入力します。その他の項目も必要に応じて入力し、すべて入力が完了したら一番下の保存ボタンをクリックします。

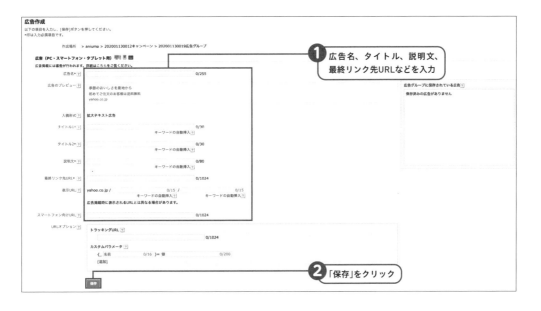

① 広告名、タイトル、説明文、最終リンク先URLなどを入力

② 「保存」をクリック

広告の設定が完了したら広告料金の入金を事前に行います。入金が完了すると、広告の審査が始まります。審査はシステムと目視によって行われるため、3営業日ほどかかります。また広告の審査状況は管理画面左下の「審査状況」より確認することができます。

5 コンバージョンタグの設置

この項目は、基本的に設定内容はGoogle広告と同じです。審査が完了する前に、Yahoo!広告でもコンバージョン測定ができるようにコンバージョンタグの設定を行いましょう。なお、リスティング広告におけるコンバージョンの設計についてはP52で解説しています。

P110で触れているディスプレイ広告用のコンバージョンタグを発行する際は、「ディスプレイ広告」タブをクリックします。

① 広告管理ツールの「検索広告」タブをクリック

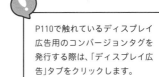

② 「ツール」をクリック

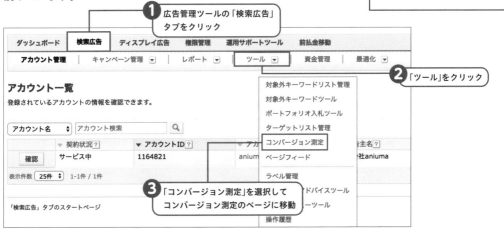

③ 「コンバージョン測定」を選択してコンバージョン測定のページに移動

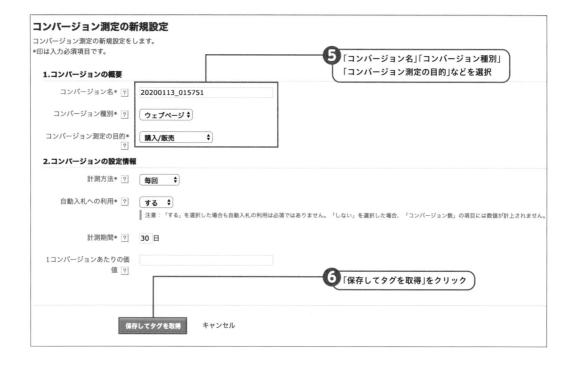

表示される測定タグは、Google広告と同様に2種類あります。サイトジェネラルタグはWebサイト内の全ページに貼り付けます。コンバージョン測定タグはサンクスページなどのコンバージョンページに貼り付けます。ソースコード内で貼り付ける推奨位置がGoogle広告とすこし異なるので注意しましょう。

参考URL

Yahoo!広告ヘルプ「コンバージョン測定の新規設定（ウェブページ）」
https://ads-help.yahoo.co.jp/yahooads/ss/articledetail?lan=ja&aid=1161

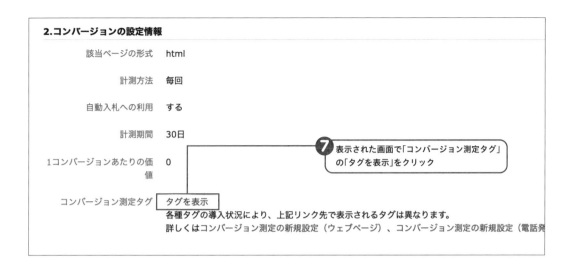

2.コンバージョンの設定情報

該当ページの形式	html
計測方法	**毎回**
自動入札への利用	**する**
計測期間	30日
1コンバージョンあたりの価値	0
コンバージョン測定タグ	タグを表示

7 表示された画面で「コンバージョン測定タグ」の「タグを表示」をクリック

各種タグの導入状況により、上記リンク先で表示されるタグは異なります。
詳しくはコンバージョン測定の新規設定（ウェブページ）、コンバージョン測定の新規設定（電話発

コンバージョン測定タグ ✕

リニューアル版の「コンバージョン測定タグ」を実行させるには、「サイトジェネラルタグ」の設置が必須です。

サイトジェネラルタグ・コンバージョン測定補完機能タグ

コンバージョン測定補完機能タグを利用しますか？
● 利用する（「サイトジェネラルタグ」「コンバージョン測定補完機能タグ」を表示）
○ 利用しない（「サイトジェネラルタグ」のみを表示）
　コンバージョン測定補完機能タグの詳細はコンバージョン測定の補完機能についてを参照してください。

下のソースコードをコピーして、**ウェブサイト内の全ページの<HEAD>タグ開始直後**に追加して
サイトジェネラルタグおよびコンバージョン測定補完機能タグをウェブサイトの全ページに導入済
する必要はありません。
サイトジェネラルタグの詳細はサイトジェネラルタグについてを参照してください。

8 測定タグが表示されるので、ウェブサイトのすべてのページの〈head〉タグ開始直後に「サイトジェネラルタグ」を貼り付ける

```
<script async src="https://s.yimg.jp/images/listing/tool/cv/ytag.js"></script>
<script>
window.yjDataLayer = window.yjDataLayer || [];
function ytag() { yjDataLayer.push(arguments); }
ytag({"type":"ycl_cookie"});
</script>
```

ソースコードをクリップボードにコピー

コンバージョン測定タグ

下のソースコードをコピーして、コンバージョンを測定するウェブサイトの**「購入完了ページ」**や
加します。挿入位置は「**設置済みのサイトジェネラルタグより後、（<BODY>内も可）**」または「
タイミング」です。
詳細はコンバージョン測定の新規設定（ウェブページ）、コンバージョン測定の新規設定（電話発信）を参照してください。

9 購入完了やお問い合わせ完了ページの「サイトジェネラルタグ」の直後に「コンバージョン測定タグ」を貼り付ける

```
<script async>
ytag({
  "type": "yss_conversion",
  "config": {
    "yahoo_conversion_id": "1001109875",
    "yahoo_conversion_label": "JLc3CLSVgroBEO77osQC",
    "yahoo_conversion_value": "0"
  }
});
</script>
```

ソースコードをクリップボードにコピー

閉じる

section
03 広告配信の結果を確認する

リスティング広告は、広告を出稿してからの運用が本番といえます。出稿した広告がどれくらい表示されているか、どれくらいクリックされているか、そしてどれくらいコンバージョンが達成されているかを確認して、よりよい結果へと結びつけていくことが大切です。ここでは、広告の結果を確認する手順を紹介しましょう。

1 Google広告で結果を確認する

Google広告の結果を確認するときは、まず、Google広告の管理画面にログインして次のように操作します。

❶「広告と広告表示オプション」をクリック

> 広告がクリックされた後のユーザーの行動については、アカウントをリンクさせることで、Googleアナリティクス上で確認することもできます。詳しくはP116以降をご覧ください。

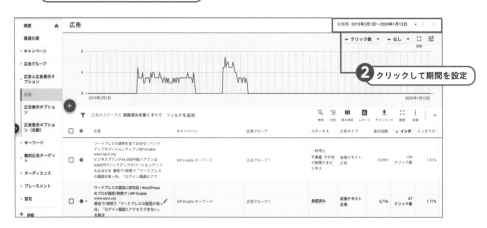

❷ クリックして期間を設定

「広告と広告表示オプション」をクリックすると、運用している
すべての広告が表示され、各広告が属しているキャンペーン、ス
テータス、表示回数などの詳細を確認できます。また画面右上の
日付設定により、表示期間を変更してデータを個別に確認するこ
ともできます。時系列の比較などで期間ごとに数字を調べたい場
合は、この機能を利用して結果を確認しましょう。

1　Yahoo!広告で結果を確認する

　Yahoo!広告の結果を確認するときは、まず、Yahoo!広告管理
ツールにログインして次のように操作します。

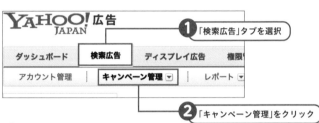

広告がクリックされた後のユー
ザーの行動については、広告の
「最終リンク先URL」にカスタム
パラメーター付けておくことで、
Googleアナリティクス上で確認
することもできます。カスタム
パラメーターについてはP122以
降をご覧ください。

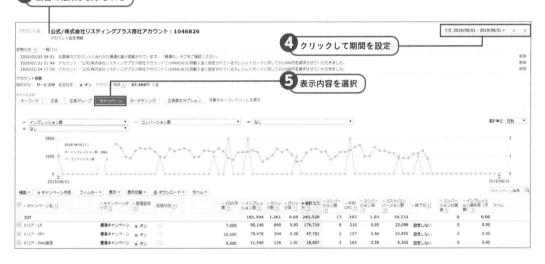

　キャンペーン単位でのインプレッション数、クリック数、クリ
ック率などの詳細が表示されます。グラフの上にある「表示内容
選択」ボタンで「キーワード」「広告」「広告グループ」「ターゲティ
ング」などに表示単位を切り替えて結果を確認することもできま
す。
　また、Google広告と同様に画面右上の日付設定で表示期間を
変更できるので、時系列の比較などを行う場合に利用しましょう。

section 04 リスティング広告における重要な指標

CTR　　**CVR**　　**CPA**

リスティング広告は現状を分析して、課題を解決することが重要です。自動化で作業の手間を減らすことはできますが、数値を検証し、実際のビジネスや目的と照らし合わせて効果を検証するという工程が運用の中で必要になります。ここでは、リスティング広告を運用する上で重要な指標や改善方法を見ていきましょう。

リスティング広告で重要な指標

　リスティング広告では広告を出稿した後に、クリック率や平均単価などをコンバージョンと照らし合わせ、より効果的な設定やターゲットキーワードに変更していくのが重要です。複数の広告グループやキャンペーンの中から、結果の悪いものは改善して、改善が難しい場合は停止します。

　またリスティング広告の設定だけではなく、広告費を抑えたり、広告をより多く表示させるためには、品質スコア（品質インデックス）も重要です。そのためには、リンク先のページの文言や構成などにも注意を払わなくてはなりません。

　ここではどのように検証・改善していった方がよいのか確認していきましょう。

　まずはリスティング広告で結果を測る時に重要な指標を解説します。プラットフォームによって多少呼び方が違う場合もありますが、以下の4項目がリスティング広告の結果の数値で重要な指標となります。

□ インプレッション数(表示回数)

　広告が実際に表示された回数を意味します。リスティング広告はPPC（クリック課金型広告）なので広告が表示されただけでは広告費用は消化されません。単純に「どれくらい表示されたのか？」の指標になります。

品質スコア（または品質インデックス）は広告の推定クリック率や広告の関連性などから「ユーザーにどの程度役立つ広告か」を総合的に評価した数値です。広告の表示順位が決まる際には、ユーザーが検索した時点でのさまざまな背景が考慮されるため、この数値がそのまま使われるわけではありません。
また、品質スコアが一定の水準に満たない広告は表示されない点にも注意しましょう。

□ クリック数

表示された広告がクリックされた回数です。クリックされていた数だけ、広告費用が消化されています。

□ クリック率(CTR)

クリック数をインプレッションで割って算出した数値です。一般的にクリック率が高ければリスティングに出稿したテキストとキーワードの広告としての効率がよいとされます。Google広告ではインタラクション率と表示されています。

□ 平均クリック単価(CPC)

消化した予算をクリック数で割って算出した数値です。一般的にクリック単価が安くなれば、より安い金額で広告をクリックされたことになるのでよいとされます。Google広告では平均費用として表示されます。

その他にも細かい数値を確認することができますが、上記4点と後述するコンバージョン数を見ながら広告の最適化を行います。また各数値を照らし合わせて広告の検証も行えるので、指標が上がった日や下がった日を絞り込み、詳しく検証すると戦略のヒントになるでしょう。

リスティング広告の広告表示順位(広告ランク)は、入札単価、広告品質、検索したユーザーの状況への適合度などの要素によって決まります。単純に入札単価だけでは決まらないので、そのほかの要素を向上させることで、CPCを下げることができます。

● 導入初期の数値の見方

導入初期は、広告が表示されている回数を増やすことが重要になるのでインプレッション数を上げることを目標にしましょう。ただし、表示されているだけでは広告の目的を達成できないので、表示回数が伸びてきたら効率よく広告が表示されてクリックされているかを「クリック率(CTR)」と「平均クリック単価(CPC)」で確認しましょう。「クリック率」は上がるほど、広告の文章やキーワード設定が効果的であることがわかります。一方、「平均クリック単価」は下がるほど、より少ない金額で広告からウェブページに誘導できていることになります。

リスティング広告におけるコンバージョンの設計

コンバージョンはリスティング広告を出稿する目的そのものを定める、もっとも重要な項目になります。コンバージョンは広告をクリックした後の「達成したい目標」を設定します。よくあるコンバージョンの指標としては「お問い合わせ」「資料請求」「会員登録」「商品の購入」などがあります。

1件のコンバージョン（CV）にかかった費用を「コンバージョン単価（CPA）」、コンバージョン数をクリック数で割って算出した値を「コンバージョン率（CVR）」と呼びます。これらは、広告が効率的に配信できたかどうかを判断する重要な数値になります。

□ コンバージョン(CV)

広告出稿における最終的な目的です。主に「お問合わせ」「資料請求」「会員登録」「商品の購入」「申し込み」などを設定します。出稿した広告を経由して最終的に目的が達成されるとコンバージョン数がカウントされます。

□ コンバージョン率(CVR)

コンバージョン数をクリック数で割って計算した値です。コンバージョン率が上がれば、効果的に広告が運用できていることになります。

□ コンバージョン単価(CPA)

消化した費用をコンバージョン数で割って計算した値です。単純にコンバージョン単価が下がると利益率は上がりますが、コンバージョン単価を下げるために広告費を削減すると結果的に流入が減り、コンバージョンも少なくなってしまうので注意が必要です。

□ KPIとコンバージョン

マーケティングにおいて、ある施策が成功しているかどうかを数値で確認できる指標を決めておくことは重要です。このような成果指標をKPIといいますが、KPIをコンバージョン数のみに設定すると、改善の精度が甘くなりがちです。

コンバージョン数だけでなく、そこに至る道筋の中で確認できる細かな指標もKPIとして設定しておくことで、各セクションでの問題を洗い出すことができます。

例えば「10本の契約を獲得」という目標があった場合は、コンバージョンである「申し込み数」だけを見がちです。しかし、広告自体に問題がなくても、広告の受けページの情報が不足している、入力フォームが長すぎて申し込みページから離脱しているといった問題が存在した場合、申し込み数を見ているだけでは改善できません。広告のクリック数に対してコンバージョン数が低すぎるようであれば、ランディングページに問題があることが推定できます。このように、コンバージョンに設定した数値だけでなく、その手前の段階の指標もKPIとして測ることが大切です。

KPI

Key Performance Indicatorの略で、日本語では「重要成果指標」と呼ぶ。ある施策が有効かどうかを数値として確認するために定めておく指標で、インターネット広告であれば一般に「コンバージョン数」が最大のKPIとなるが、コンバージョン数を増やすためには「クリック数」、「クリック率」、「コンバージョン率」など、コンバージョン数を構成する細かな指標も確認する必要がある。一般にKPIはツリー状に設定され、各指標を測ることで、どこにボトルネックがあるかを浮き彫りにすることができる。

リスティング広告の運用と改善方法

　リスティング広告では出稿したあとの運用が本番です。そこで、実際にどのような流れで運用を進めていけばよいかについて解説します。

● 確認のタイミングと項目

　リスティング広告は出稿したらすぐに表示されます。ただし、ガイドラインやポリシーの規定に違反していたり、そぐわなかったりした場合は、広告が承認されず表示されません。また承認されたとしても設定したキーワードの検索数が極端に少なかったり設定した単価が低かったりした場合、またはウェブページの品質が低すぎるといった場合は広告が掲載されないことがあります。

　そのような状態であることに気がつかず、「まだ出稿したばかりだから数値が見えないので、ある程度まとまってから検証しよう」と誤解すると、広告が表示されないまま時間だけが過ぎてしまう危険があります。このような事態を避けるためにも、広告を出稿してからアカウントを確認するタイミングについて **01** にまとめたので参考にしてください。

01 広告の確認タイミングと確認内容

タイミング	確認項目
出稿当日〜3日後	広告の出稿が完了したら実際に広告が表示されているか確認しましょう。管理ツールでインプレッションや表示回数がカウントされていれば問題ありませんが、0の場合は広告に設定したキーワードを自分で検索してみて、表示されているかを確認しましょう。
毎週1回	表示がされていても反応が悪いものや意図していないキーワードで表示されている場合があります。週に1度は確認して除外すべきキーワードがないか、予算を使いすぎていないかなどを確認しましょう。
毎月1回	1か月のまとまったデータを確認しながら、キーワードの再選定や広告の変更、追加などを行いましょう。この時に各指標を参考にして仮説を立てるとよいでしょう。広告の結果は、同じ条件のもとで経過を比較できるようにしたいので、コンバージョンを変えるなどの大きな変更がある場合は新たに広告グループを作って設定するようにしましょう。
コンバージョン時	お問い合わせや申し込みなどがあった場合は、リスティング広告経由でコンバージョンがあったのかを確認します。その際、リスティング広告プラットフォームできちんとコンバージョンがカウントされているかを確認しましょう。

● 課題を切り分けて改善していく

結果をもとに改善する場合は、どの項目をどのように改善するかがポイントになります。指標を見ながら適切な項目を調整・改善していきましょう。

☐ インプレッションが低い

選定したキーワード、もしくは入札単価の調整を行います。品質スコアが悪いと入札単価を上げる必要があるため、品質スコアも合わせて確認しましょう。

☐ クリック数、クリック率が低い

設定した広告のテキストが選定したキーワードにあっているか確認しましょう。また選定したキーワードがサービスや商品の需要と一致していなければクリックされないので、こちらも確認しましょう。

☐ コンバージョンが低い

コンバージョンが低い場合、リスティングで出稿した広告以外に問題がある可能性もあります。クリック数はあるのにコンバージョンが低い場合は商品の改善やウェブページの改善に目を向けた方がよい場合があります。また入力フォームに離脱のポイントがある場合も多いので、Googleアナリティクスなどのアクセス解析を見てどこで離脱が発生しているのか検証しましょう。

極端にコンバージョンが少ない場合でも「うちの商品には向かなかった」と諦めるのではなく、発生したコンバージョンの検索語句をもとに新たな広告グループを作成したり、手動入札を設定している場合は自動に切り替えるなど工夫してみましょう。

☐ コンバージョン単価が高い

以前に比べてコンバージョン単価が上がる場合は、競合が参入してきたり、適切な入札単価になっていない可能性があります。目標のコンバージョン単価とコンバージョン率を掛けて適切な入札単価に変更したり、リマーケティング機能を活用したりするとよいでしょう。

課題の切り分けと改善方法の一例を紹介しました。これらは万能な改善策ではないので、個別に「何がどのように問題だったのか」を考え、調整して反応を確認していきましょう。なお、同時に多くの要素を調整すると、影響範囲が広がって効果検証が難しくなります。変更する要素はなるべく絞り込みましょう。

リマーケティング機能を利用する場合は、Google広告でもYahoo!広告でもターゲットリストを作成する必要があります。リマーケティング機能についてはディスプレイ広告のP107、P113で触れています。

Chapter 2

SNS広告

section 01 SNS広告の特徴

SNS広告もリスティング広告と同様に運用型のネット広告です。検索キーワードという概念がなく、SNS独自の各媒体が持つユーザー情報、行動データを元にして広告出稿が行えます。今や日常生活でSNSを利用することは当たり前になりました。私生活の中でも、SNSを通じて自然と広告に触れる機会が多くなっています。

SNS広告とユーザー

インターネットにおける代表的な広告には、CHAPTER1で解説したリスティング広告があります。リスティング広告は、検索したキーワードに応じて、検索結果一覧の上位に表示される広告です 01 。検索ユーザーは「今すぐ何か悩みを解決したい」「商品を探している」などの目的を持っています。リスティング広告は、そのような顕在層へのアプローチに向いています。

一方、SNS広告はユーザーの目的とは関係なく、ユーザーがSNSを利用しているタイムライン上に広告が表示されます 02 。「今すぐ何かしらの悩みを解決したい」「商品を探したい」という明確な目的をもっていないユーザーに向けた広告出稿方法となるため、潜在層へのアプローチに適しています。

運用型広告

リアルタイムに入札額や広告内容を変更・改善しながら運用を続ける広告。

01 リスティング広告の例

Googleで「Google広告」と検索した場合の表示例

02 Twitter広告の例

@AmazonJPKindle

SNS時代の購買モデル「AISCEAS」

SNSの普及により、ユーザーの購買行動も変化しました。マスメディア時代には「AIDMA」、インターネット時代には「AISAS」、ソーシャルメディア時代には「AISCEAS」**03** という購買モデルが時代の変化とともに注目されています。

AISAS行動モデルは、1995年頃に提唱されたもので、AIDMA行動モデルの考え方にウェブでの「検索（Search）」と「共有（Share）」が新たな要素として追加されています。インターネットの登場により、ユーザーは検索エンジンを利用して様々な情報を調べることができるようになりました。

AISCEASは、Twitter、Facebookなどのソーシャル・ネットワーキング・サービス（SNS）の登場とスマートフォンの普及に伴い、AISAS行動モデルに「比較」「検討」が追加されたモデルです。ユーザーはSNSの情報を参考にしながら比較（Comparison）するようになり、商品・サービスの検討（Examination）の後、納得した商品・サービスを購買（Action）するようになったのです。さらに、自身もSNSに投稿して情報共有（Share）するようになりました。SNS広告を検討する際には、このような購買行動プロセスを意識して行うようにしましょう。

AIDMA

消費者の購買行動プロセスを説明するモデル。Attention（注意）→ Interest（関心）→ Desire（欲求）→ Memory（記憶）→ Action（行動）の頭文字をとったもの。

AISAS

インターネット時代における消費者の購買行動プロセスを説明するモデル。Attention（注意）→ Interest（関心）→ Search（検索）→ Action（行動）→ Share（共有）の頭文字をとったもの。

AISCEAS

SNS時代における消費者の購買行動プロセスを説明するモデル。Attention（注意）→ Interest（興味・関心）→ Search（検索）→ Comparison（比較）→ Examination（検討）→ Action（行動）→ Share（共有）の頭文字をとったもの。

03 AISCEAS行動モデル

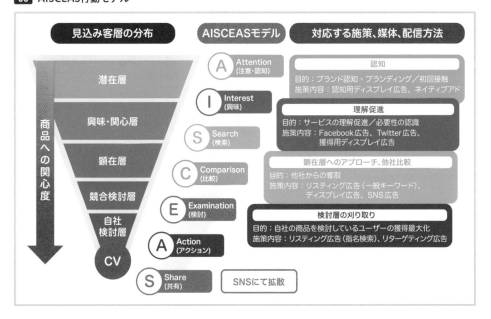

主なSNS広告の特徴

SNSの種類は様々でそれぞれに特徴があります。広告を出稿する際は、それぞれの特徴に合わせる必要があります。ここでは、代表的なSNSであるTwitter、Facebook、Instagramにおける広告について簡単に紹介します。

● Facebook広告の特徴

Facebookは実名での利用が多く、プライベート兼ビジネスで利用しているユーザーが増えてきています。またメッセンジャー機能もあるためコミュニケーションツールとしての利用も増加傾向です。登録者は20代〜40代が多いとされます。

Facebook広告は、Facebookと連携しているオーディエンスネットワークにも配信されます。そのため、ニュースアプリや漫画アプリなどの広告枠に配信することも可能です。ただし、具体的な媒体指定はできません。Facebook広告では、基本的なターゲティング設定である地域・年齢・性別指定はもちろんのこと、個人ユーザーの基本情報や、Facebook内でのユーザー行動データに基づいた詳細ターゲティング設定も可能です。そのため、SNS広告の中でもターゲティング精度が高いと言われています。また、Facebook広告では類似オーディエンスに向けた配信も行うことができます。類似オーディエンスは、既存の優良顧客と似た傾向を持つ人たちを指し、ビジネスに関心を示す可能性が高いと思われる利用者にリーチを広げる場合に有効です。

● Instagram広告の特徴

Instagramは写真がメインのSNSで世界観がとても重視されています。Instagramのユーザーは若者が中心です。18〜29歳の若年層が1か月間でInstagramに接触している総利用時間は1億時間以上と言われています（2019年10月29日　Instagram Day Tokyo 2019より）。Instagramでは、投稿の際にはハッシュタグをつけて投稿する習慣があります。ユーザーは興味関心のあるものを探す際には、ハッシュタグを利用します。なお、Instagramはスマートフォンアプリでの使用が前提になっています。

Instagramにはストーリーズという機能があります。ストーリーズではハッシュタグのほかに、スタンプ機能やアンケート機能などがあります。また、これらの機能は常にアップデートされています。今や若者の検索行動は「ググる」から「タグる」へと変化しているのです。

Facebookのユーザー数

グローバル　24億人
（月間アクティブユーザー）
日本　2,600万人
（月間アクティブユーザー）

※2019年3月時点
（出典：Facebook公式サイトより）

**Facebookオーディエンス
ネットワーク**

Facebookと連携しているモバイルアプリに広告を配信する仕組みのこと。

Instagramのユーザー数

グローバル　10億人
（月間アクティブユーザー）
日本　3,300万人
（月間アクティブユーザー）

※2019年3月時点
（出典：Instagram公式サイトより）

なお、InstagramはFacebook社が運営しているSNSなので、広告の配信先はFacebook広告と同じです。ただし、Instagramには対応していない画像サイズや動画条件などもあります。また、Instagram広告ではストーリーズにも広告が出稿できます。ストーリーズでは、縦長の動画や画像を利用できます。スマートフォンは縦向きで利用するケースが多いので、動画や画像も縦長の方が効果的です。近年ではストーリーズの利用層が急激に増えてきていることから、ストーリーズ広告は大きな注目を集めています。

● Twitter広告の特徴

Twitterはリアルタイムの情報共有に使われる傾向が強いSNSです。また拡散力も非常に強く、リツイートなどによって爆発的に話題が拡散される可能性を秘めています。最も多いユーザー層は10代〜20代ですが、最近は30〜40代のユーザーも増えています（「令和元年度　情報通信メディアの利用時間と情報行動に関する調査」より）。

Twitterは Facebook に比べ匿名性が高くなっています。その一方で、ブランディングなどビジネス目的での利用を目的とした、個人名を出したアカウントや企業の公式アカウントなども増えてきています。一般的には趣味やトレンドに合わせたツイートが多く、広告においても工夫次第で拡散性に期待できるSNSです。なお、1ツイートが140文字までに制限されている点もTwitterの特徴です。

Twitter広告は地域、興味関心、性別、言語などの基本的なターゲティング配信のほかに、検索ワードやタイムラインに投稿したワードでターゲティングする「キーワードターゲティング」、選択したユーザーのフォロワーに似ている人たちをターゲティングする「フォロワーターゲティング」など、Twitter広告ならではのターゲティング設定が行えます。

SNSはスマートフォンで利用されるケースがほとんどです。PCの画面であれば判別できる画像もスマートフォンでは小さくて見づらくなります。当然、PCの画面と比較すれば文字の可読性も下がります。SNS広告に使用するクリエイティブ（テキスト、画像、映像など）はスマートフォンで表示されることを前提に作成するようにしましょう。

Twitterのユーザー数

グローバル　1.45億人
（月間アクティブユーザー）
日本　4,500万人
（月間アクティブユーザー）

※2019年9月時点（Twitter決算発表等より）

参考URL

情報通信メディアの利用時間と情報行動に関する調査
http://www.soumu.go.jp/iicp/research/results/media_usage-time.html

参考URL

Twitter for Businessr
「キーワードターゲティング」
https://business.twitter.com/ja/targeting/keywords.html

Twitter for Businessr
「フォロワーターゲティング」
https://business.twitter.com/ja/targeting/follower.html

section

02

SNS広告を運用する際に重要になるポイント

GOAL　　　TARGET　　　BADGET

SNS広告はテキストや写真に加え、動画を利用した広告出稿も可能なので、ユーザーに対してTVCMのように商品の特徴をアピールできます。また、顧客獲得目的だけでなく、認知拡大のブランディング目的で利用するケースもあります。ここでは、SNS広告を実際に運用するにあたって重要になるポイントを解説していきます。

SNS広告の戦略

SNS広告を利用する際には、広告戦略を考えてから出稿する必要があります。最低でも、以下にあげる4点については、事前に検討しておきます。

①広告の目的（ゴール）を決める

まず、何を目的としてSNS広告を利用するのかを明確にしましょう。「多くの人に認知をしてもらいたいのか？」「メインとなるターゲットユーザーに向けて配信したいのか？」など、目的によって広告の運用方法は大きく異なります。アカウントも配信先も目的に応じて最適化されるので、最初のキャンペーン設計に問題があると効果的に運用できません。また、成果を数値できちんと測るためにも、正しい目的設定は非常に大切です。

②ターゲットを決める

目的を決定したら、次はターゲットを定めます。SNS広告では、興味関心や年齢、性別、地域など、さまざまなターゲティングが可能となります。どんなユーザーにキャンペーンを打ち出せばより成果に繋がるかを検討して、情報を求めているユーザーに向けて無駄なく広告を配信していきましょう。

キャンペーン

広告を管理する単位。インターネット広告は「キャンペーン>広告グループ（広告セット）>広告」という3階層の構造で管理する形態が多い。キャンペーンは一番大きな分類で、一般に目的や予算はキャンペーンに対して設定する。

● ③広告クリエイティブを考える

クリエイティブは、見る人にインパクトを与えるもっとも重要な要素です。広告のキャンペーンを通して伝えたい商品や訴求内容を、コピーやデザインでユーザーに伝えていきます。動画であれば商品のハウツーなどもわかりやすく伝えることができます。多くのユーザーに反応してもらうために、広告は1種類ではなく複数設定しましょう。可能であればABテストを実施してユーザーの反応の良し悪しを計測しましょう。

ABテスト

2つのパターンを用意して、どちらがより効果が高いかを比較検討すること。

● ④期間と予算を決める

広告キャンペーンには配信期間と予算を設定します。基本的に、SNS広告に最低出稿料金はないので、少ない予算でも実施できます。ただ、入札はオークションとなるため、1日を通して万遍なく配信していくためには、十分な予算が必要となります。どれくらいの期間でどのくらいの結果が欲しいのかによって、目的のKPIから逆算して予算を算出します。なお、上限予算を設定しておけば、その金額以上が消化されることはありません。

SNS広告に向いている商品

ユーザーは主に仕事の合間・通勤時間・休み時間・寝る前など空いている時間にSNSを利用しています。暇な時間にSNSを見ているので、「○○が欲しい」「○○を探したい」という具体的な目的はあまりありません。そのような状況のユーザーに対して広告を出稿するので、「いきなり商品セールス」は毛嫌いされます。

ユーザー心理を考えると、SNS広告は「動画無料プレゼント」「○○キャンペーン開催中」「初回500円」のような無料や低額オファーなどの商材と相性がよいようです。

SNS広告に向いているクリエイティブ

SNS広告は、一昔前までは広告文と静止画像が一般的でした。しかし最近では便利な動画編集アプリの普及や、回線速度の向上などもあり、動画クリエイティブの需要が増えてきました。すべてを動画に変更する必要はありませんが、SNS広告では動画の方がパフォーマンスが上がる傾向にあるので、積極的に試していくようにしましょう。動画クリエイティブを利用する際は、インパクトがあって目を引くものや、商品USPを伝えられる動画ストーリーなどがよいでしょう。

USP

Unique Selling Propositionの略で、「独自の売り」あるいは「独自の売りの提案」を意味するマーケティング用語。

section 03 Facebook/Instagram広告の出稿方法

FacebookとInstagramで広告を出稿するときは、Facebookビジネスマネージャを利用します。事前に準備をしておけば、非常に簡単かつ短時間で広告を出稿できます。なお、Facebook/Instagram広告の仕様は本稿執筆時点のものです。SNS広告は頻繁に仕様が変更されるので、常に最新の情報を入手するようにしましょう。

Facebook広告を利用するために必要なもの

Facebookに広告を出稿する場合、事前に以下のような準備が必要となります。ここでは、①〜⑤までの手順について紹介します。

① Facebookの個人アカウントを作成
② Facebookビジネスマネージャを作成
③ Facebookページを作成
④ Facebook広告アカウントを作成
⑤ クレジットカードを設定
⑥ 広告の遷移先URL、広告素材を準備する

1 Facebookの個人アカウントを作成

Facebookのアカウントを持っていない場合は、まず作成する必要があります

1 Facebookの公式ページ（https://www.facebook.com/）にアクセス

2 必要な情報を入力して「アカウント登録」をクリック

2　Facebookビジネスマネージャアカウントを作成

　Facebook広告を管理する、ビジネスマネージャのアカウント
を作成します。

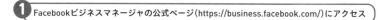
① Facebookビジネスマネージャの公式ページ（https://business.facebook.com/）にアクセス

②「アカウントを作成」を
クリック

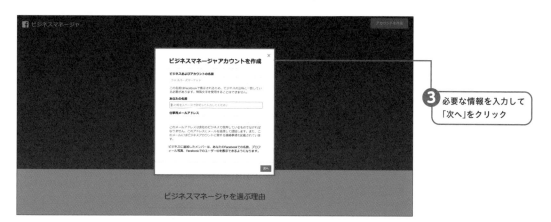

③ 必要な情報を入力して
「次へ」をクリック

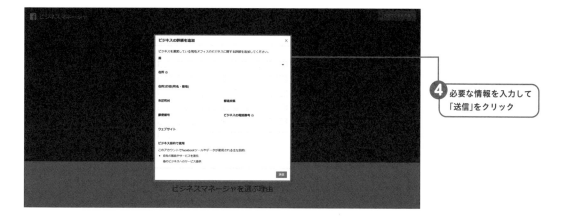

④ 必要な情報を入力して
「送信」をクリック

5 ビジネスマネージャアカウントが作成される

6 登録したアドレスにメールが届くので認証する

2019年7月より、Facebook広告のビジネスマネージャと広告マネージャの仕様が随時アップデートされています。ユーザーによっては、画面に表示される内容が異なる可能性があります。

Facebook for Business 広告マネージャとビジネスマネージャの改良について
https://www.facebook.com/business/news/improving-ads-manager-and-business-manager

3 Facebookページを作成

Facebookビジネスマネージャ内からFacebookページを作成します。すでにFacebookページがある場合は、FacebookビジネスマネージャにFacebookページを紐付けて利用することも可能です。

1 「Facebookページを追加」をクリック

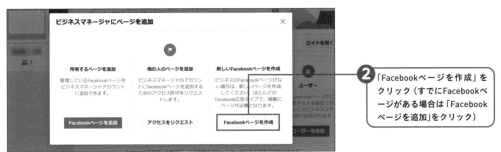

2 「Facebookページを作成」をクリック（すでにFacebookページがある場合は「Facebookページを追加」をクリック）

③ カテゴリを選択後、「ペー
ジ名」と詳細な「カテゴリ」
を設定してFacebookペー
ジを作成

4 Facebook広告アカウントを作成

　Facebookビジネスマネージャ内から広告アカウントを作成し
ます。すでに広告アカウントがある場合は、Facebookビジネス
マネージャに広告アカウントを紐付けて利用することも可能です。

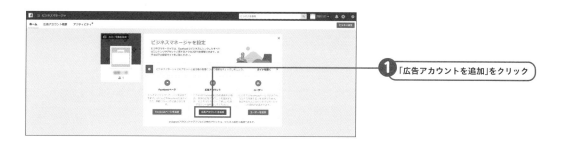

① 「広告アカウントを追加」をクリック

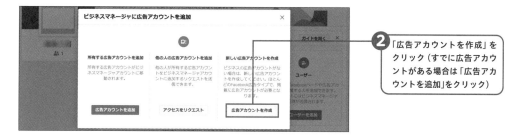

② 「広告アカウントを作成」を
クリック（すでに広告アカウ
ントがある場合は「広告アカ
ウントを追加」をクリック）

③ 必要な情報を入力して
広告アカウントを作成

5 クレジットカードを設定

　支払いをするクレジットカードの設定を行います。利用できる
クレジットカードはVISA、Mastercard、アメックス、JCBです。
一部銀行支払い可能なアカウントもありますが、まだ公式には展
開していないので、ほぼ使えないと考えたほうがいいでしょう。

1 「ビジネス設定」をクリック

2 「支払い」をクリック

3 「+追加」をクリック

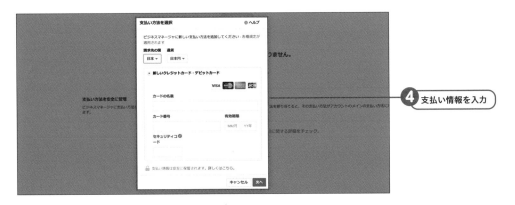

4 支払い情報を入力

Facebook広告を出稿する手順

Facebookに広告を出稿する手順は以下のようになります。

① 支払い設定
② キャンペーン(広告セット・広告)を設定
③ ピクセル(タグ)を発行&設定

1 支払い設定

まずは広告の支払いに関する設定を行います。

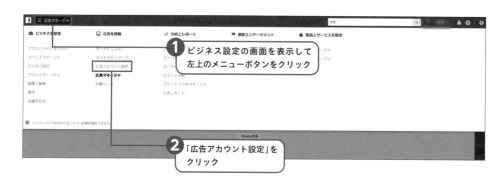

2 キャンペーンを設定

次にキャンペーンの設定を行います。なお、ここでは、広告マネージャのガイドに沿って広告を作成しています。

キャンペーンの設定には「広告マネージャのガイドツールによる作成」と「クイック作成」があります。既存のキャンペーンを流用したい場合は「クイック作成」から左上にあるメニューで「既存のキャンペーンを使用」を選択します。

1 左上のメニューボタンをクリック

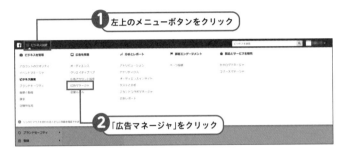

2 「広告マネージャ」をクリック

3 「+作成する」をクリック

4 表示された画面で広告マネージャの「ガイドツールによる作成」を選択

マーケティングの目的の種類

Facebook/Instagram広告には以下に挙げる11種類のマーケティングの目的があります。

認知：ブランドの認知度アップ、リーチ

検討：トラフィック、エンゲージメント、アプリのインストール、動画の再生数アップ、リード獲得、メッセージ

コンバージョン：コンバージョン、カタログ販売、来店数の増加

※各目的の詳細は「ヘルプ：広告の目的」を参照してください。

5 マーケティングの目的を選択

6 「キャンペーンの予算を最適化」をオンにし、1日の予算を設定して「次へ」をクリック

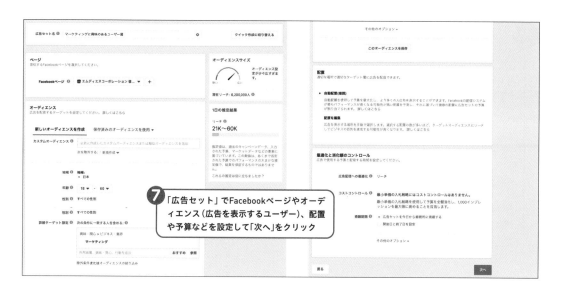

⑦ 「広告セット」でFacebookページやオーディエンス（広告を表示するユーザー）、配置や予算などを設定して「次へ」をクリック

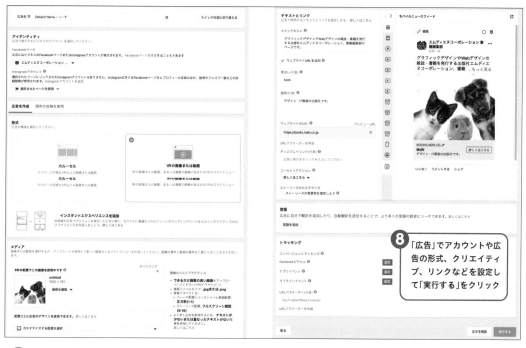

⑧ 「広告」でアカウントや広告の形式、クリエイティブ、リンクなどを設定して「実行する」をクリック

広告が配置される場所

Facebook・Instagramの広告を出す位置は広告マネージャの「広告セット」→「配置」→「配置を編集」で設定できます。なお、自動配置ではFacebookの配信システムが予算を最大限活用するための配置を自動で行ってくれます。慣れないうちは、自動配置を利用することをお勧めします。

紙面の都合上、Facebook広告の各設定項目の詳細については解説を割愛しています。項目の詳細を知りたい場合は、項目名の後ろに表示されている「i」をクリックするか、「Facebook広告に関するヘルプ」を参考にしてください。
https://www.facebook.com/business/help/

Facebook広告に使用できるクリエイティブの種類

Facebookでは、Facebook広告で使用できるクリエイティブとして以下のものを挙げています。
・画像広告
・動画広告
・スライドショー広告
・カルーセル広告（1つの広告枠に複数の画像（動画）やリンク（ボタン）を設置した広告）
・インスタントエクスペリエンス広告（モバイルに特化したインタラクティブな広告。旧キャンバス広告）
・コレクション広告（モバイルに特化した広告フォーマット。メイン広告と4つの商品カタログで構成）
※各クリエイティブの詳細については以下のURLを参照してください。

Facebook for Business 広告ヘルプセンター「基本 初心者向けガイド-Facebook広告フォーマットのタイプ」
https://www.facebook.com/business/help/1263626780415224?id=802745156580214

---

3 ピクセル（タグ）を発行&設定

　Facebookピクセルを利用すると、広告でウェブサイトに誘導した際に、サイト上で実行されたアクションを把握して広告の効果を測定できます。コードをカスタマイズすることで、さまざまなアクションを把握できます。ただし、プログラムの知識がある程度必要になるので、ここではコードの発行方法のみを簡単に紹介します。

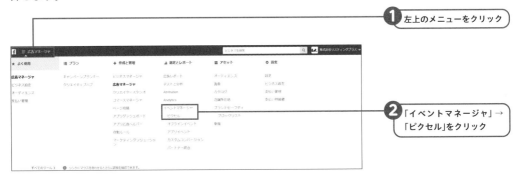

❶ 左上のメニューをクリック

❷「イベントマネージャ」→「ピクセル」をクリック

❸「Facebookピクセル：ウエブサイトアクティビティをトラッキング」の「スタート」をクリック

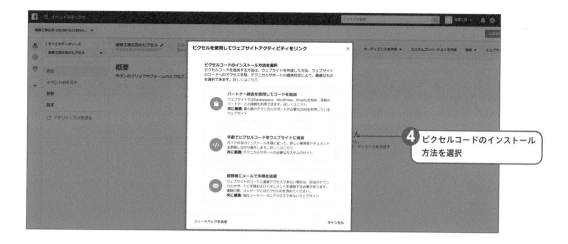

④ ピクセルコードのインストール
方法を選択

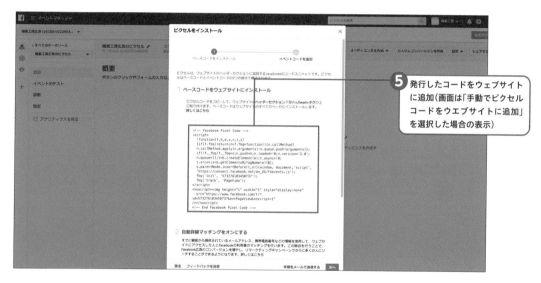

⑤ 発行したコードをウェブサイト
に追加(画面は「手動でピクセル
コードをウェブサイトに追加」
を選択した場合の表示)

ベースコードをウェブサイトの< /head >タグの直前に貼り付けて、動作を確認したら、さらにウェブページ上での行動を計測するイベントコードを発行する、という流れになります。なお、コードは開発者にメールで送信することもできます。

Facebookピクセルの作成、およびインストール方法の詳細は以下のURLを参照してください。

**Facebook for Business 広告ヘルプセンター
「Facebookピクセルについて」**
https://www.facebook.com/business/help/7424786
79120153?id=1205376682832142

イベントマネージャの表示について

Facebook広告は2020年1月時点で仕様が変更中となっています。操作する時期、端末によって表示が異なる可能性があります。

Instagram広告を利用するために必要なもの

　Instagram は Facebook 社 が 運 営 し て い ま す。 そ の た
め、事前に準備しておくものはFacebook広告と同じです。な
お、Instagram の ア カ ウ ン ト を 作 成 し な く て も Facebook ペ
ー ジ と 連 動 す れ ば Instagram 広告への出稿は可能です。ただ
し、Instagram ア カ ウ ン ト を 利 用 し て 広 告 を 出 稿 し た い 場 合 は
Instagram アカウントが必要になります。

　Instagram アカウントは、Instagram のウェブページで必要情
報 を 入 力 し て 作 成 し ま す。Facebook ア カ ウ ン ト を 使 用 す る こ と
も可能です **01** 。

01 Instagramアカウントの作成

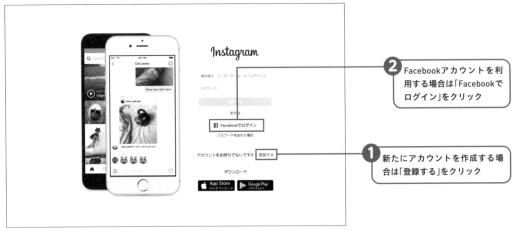

https://www.instagram.com/

1 Instagram広告に出稿する手順

　Instagram で広告を出す手順はFacebook 広告と同じです。通
常 は、Facebook 広 告 に 出 稿 す る と 設 定 し た 予 算 に 応 じ て
Instagram にも広告が表示されることになります。

　Instagram にのみ広告を配信したいような場合は、Facebook
の広告マネージャから「広告セット」→「配置」→「配置を編集」で設
定できます。

① 広告マネージャからキャンペーンを選択して「配置」を表示

② 「配置を編集」を選択

③ 表示された項目で「デバイス」「プラットフォーム」「配置」などを設定

Instagram広告に使用できるクリエイティブの種類

Facebookでは、Instagram広告で使用できるクリエイティブとして以下のものを挙げています。

・写真広告
・動画広告
・カルーセル広告
・ストーリーズ広告(Instagramストーリーズに広告を配信)
※クリエイティブの種類についての詳細は以下のURLを参照してください。

Facebook for Business Instagram広告「Instagramでブランド構築-Instagramに掲載できる広告の種類」
https://www.facebook.com/business/ads/instagram-ad

Column

Facebook / Instagram広告の配置

　Facebook/Instagram で広告を掲載する場所を配置と呼びます。広告マネージャでは、Facebook、Instagram、(Facebook) Messenger、オーディエンスネットワークへの配置を設定できます。

　なお、配置位置の名称と具体的な場所については「Facebook for Business」の「広告マネージャでの配置について」**01** で解説されているので参考にしてください。

01 Facebook for Business-広告マネージャでの配置について

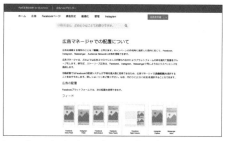

https://www.facebook.com/business/help/407108559393196

section 04 Twitter広告の出稿方法

Twitterは幅広い層への拡散が期待できるSNSです。出稿方法も非常に簡単なので、企業のみならず個人で利用している人も少なくありません。Twitter広告にはタイムライン上に表示される「プロモツイート」、お勧めのアカウントを表示する「プロモアカウント」、トレンドリストの上部に表示される「プロモトレンド」があります。

Twitter広告を利用するための事前準備

Twitterに広告を出稿する場合、事前に以下のような準備が必要となります。なお、②と③についてはFacebook広告と同じなので割愛します。

① Twitterアカウントを作成
② クレジットカードを用意
③ 広告の遷移先URL、広告素材を準備する

1 Twitterアカウントを作成

まず、Twitterのアカウントを用意しておく必要があります。通常の手順で作成したアカウントで広告も出稿できます。

1 Twtterの公式ページ（https://twitter.com/）にアクセス

2 「アカウント作成」をクリックして必要情報を入力

Twitterに広告を出稿する手順

Twitterに広告を出稿する手順は次のようになります。

① 支払い設定
② キャンペーンと広告グループなどを設定
③ コンバージョントラッキングを設定

1 支払い設定

Twitterの支払い設定として、クレジットカードを登録します。

❶ Twitterアカウントの「ホーム」から「もっと見る」→「Twitter広告」をクリック

❷ 「Twitter広告を設定する」をクリック

❸ 右上にある「アカウント名」をクリックして「クレジットカードを追加する」を選択
氏名・住所を入力し、さらにクレジットカード番号等を入力して登録する

2 キャンペーンや広告グループなどを設定

　次に広告の設定を行います。キャンペーンの目的は「フォロワー」が「プロモアカウント」、そのほかが「プロモツイート」での出稿です。

① 広告キャンペーンの目的を選択

> ### プロモトレンド
>
> Twitterの広告形態のひとつで、Twitterの「おすすめトレンド」欄などにトレンドとして掲載する広告のこと。Twitterのすべてのユーザーに表示される。「プロモアカウント」や「プロモツイート」のような運用型広告ではなく、プロモトレンドに出稿したい場合はTwitterの広告営業担当に問い合わせる必要がある。

> ### キャンペーン目的の種類
>
> ・ツイートのエンゲージメント
> ・ウェブサイトへの誘導数またはコンバージョン
> ・アプリインストール数
> ・プロモビデオ再生数
> ・インストリーム動画再生数(プレロール)
> ・アプリの起動回数
> ・ブランド認知度の向上
> ・フォロワー
> ※各目的の詳細については以下のURLを参照してください。
>
> **Twitterビジネス「Twitter広告キャンペーンの基本」**
> https://business.twitter.com/ja/help/account-setup/campaigns-101.html

---

③ 「次」をクリック

② 「キャンペーン名」「お支払い方法」「予算」「開始と終了」を設定

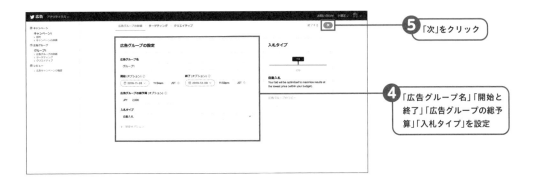

⑤ 「次」をクリック

④ 「広告グループ名」「開始と終了」「広告グループの総予算」「入札タイプ」を設定

⑦ 「次」をクリック

⑥ オーディエンス（ターゲティング）を設定

⑨ 「次」をクリック

⑧ クリエイティブから広告として配信するツイートを選択。「ツイートを作成」ボタンから広告用ツイートを新たに作成することもできる

　新たに広告用のツイートを作成した場合は、そのツイートは広告のみに使用され、フォロワーには表示されません。

クリエイティブは、「広告グループ」で設定する以外にも、広告管理画面の「クリエイティブ」から設定することもできます（後述）。

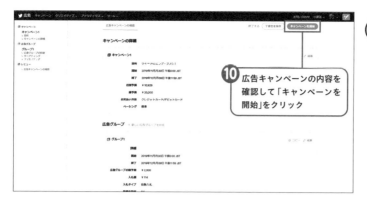

10 広告キャンペーンの内容を確認して「キャンペーンを開始」をクリック

Twitter広告キャンペーンの詳細については以下のURLを参考にしてください。

Twitter for Business 「Twitter 広告キャンペーンの基本」
https://business.twitter.com/ja/help/account-setup/campaigns-101.html

---

Twitter広告に使用できる クリエイティブの種類

・プロモツイート(文字のみ・単一の画像(GIF含む)・複数の画像・ビデオ)
・ウェブサイトカード(イメージ・ビデオ)
・アプリカード(イメージ・ビデオ)
・カンバセーショナル広告(Twitter社へ要問い合わせ)
・ダイレクトメッセージカード(出稿条件あり・要問い合わせ)

※各クリエイティブの詳細は以下のURLを参照してください。

Twitterビジネス「Twitter広告で使える各クリエイティブの特徴」
https://business.twitter.com/ja/help/campaign-setup/advertiser-card-specifications.html)

Twitter広告(プロモツイート)が 配信される場所

・Twitterの関連する検索結果ページの上部
・プロモトレンドの検索結果
・タイムライン
・アカウントのプロフィール
・公式Twitterクライアント

※Twitter広告(プロモツイート)が配信される場所の詳細は以下のURLを参照してください。

Twitterビジネス「プロモツイートとは何ですか?」
https://business.twitter.com/ja/help/overview/what-are-promoted-tweets.html

---

3 コンバージョントラッキングの設定

　ユーザーがアクションを起こした場合、どの広告がアクションのきっかけになったかを知るために「コンバージョントラッキング」の設定を行います。具体的には、タグを発行して流入先となるウェブサイトのすべてのページに組み込みます。

1 広告マネージャの「ツール」から「コンバージョントラッキング」を選択

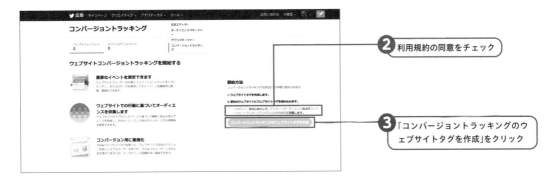

② 利用規約の同意をチェック

③ 「コンバージョントラッキングのウェブサイトタグを作成」をクリック

④ 表示されたタグをウェブサイトのタグを〈/body〉の前に配置

ウェブサイトのすべてのページにコードを組み込んだら、コンバージョンイベントを作成し、購入や申し込み後のサンクスページのURLを指定することで、コンバージョンとして計測できます。Twitter広告からのウェブサイトへの訪問自体をコンバージョンとする場合は、URLを指定する必要はありません。

コンバージョントラッキングの設定方法については以下のURLを参考にしてください

Twitter for Business「コンバージョントラッキングの設定方法」
https://business.twitter.com/
ja/advertising/campaign-types/
increase-website-traffic/how-
to-setup-conversion-tracking.
html

Column

クリエイティブの確認

　作成したクリエイティブの一覧を見たい時は、広告管理画面の上部メニューにある「クリエイティブ」をクリックします。「ツイート」「カード」「メディア」の3種類で一覧表示できます。一覧表示から新たにクリエイティブを作成することも可能です ❶ 。

❶ クリエイティブの一覧表示

section
05

SNS広告の効果を分析する
アナリティクスの使い方

SNSには、各プラットフォームが提供する無料で使える高機能な分析ツールがあります。アナリティクスでは管理画面から取得できないデータを見ることが可能で、あらゆる指標を複合的に分析することができます。ここでは、Facebook、Instagram、Twitterの アナリティクスについて使い方を簡単に紹介します。

1 Facebookアナリティクスの表示方法

　Facebook アナリティクスはビジネスマネージャから表示します。

① Facebookビジネスマネージャ（ビジネス設定)にアクセス

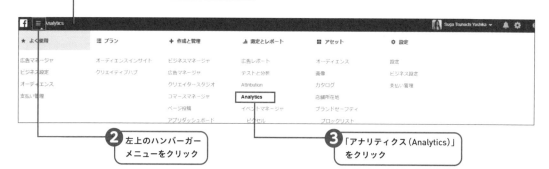

② 左上のハンバーガー
メニューをクリック

③ 「アナリティクス（Analytics)」
をクリック

Facebookアナリティクスは、Facebook広告に関する分析データが表示されます。Facebookページへのアクセスデータなどは、Facebookインサイトから見ることができます。Facebookインサイトへのアクセスは、Facebookページの上部にある「インサイト」をクリックします。なお個人ページからFacebookインサイトへのアクセスはできません。

Facebookアナリティクスでは、事前に「分析したいアカウント」などを設定しておく必要があります。設定方法については以下のURLを参照してください。

Facebook Analyticsを設定する
https://www.facebook.com/help/analytics/
319598688400448

Facebookアナリティクスの項目

Facebookアナリティクスの項目は、大きく「成長度の指標」「エンゲージメント指標」「利用者の指標」の3つのカテゴリに分類されます。なお、各カテゴリの「詳細なレポートを見る」をクリックすると、より詳しいデータをグラフで見ることができます。

● 成長度の指数

●**アクティブユーザー（過去24時間）**：過去1日間の時間別のアクティブユーザー数が表示されます。
●**ユーザーアクティビティ**：1日、1週間、1か月のアクティブユーザー数が1日単位で表示されます **01**。

01 成長度の指数

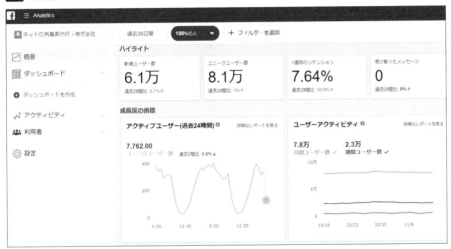

● エンゲージメント指標・利用者の指標

●**アクティブユーザー（時間別）**：各セルに表示されるのは、特定の曜日の時間別の人数です。
●**性別**：ユニークユーザーの性別の内訳が表示されます。
●**年齢**：ユニークユーザーの年齢別の内訳が表示されます。
●**国・地域**：ユニークユーザーが多かった上位5か国が表示されます **02**。

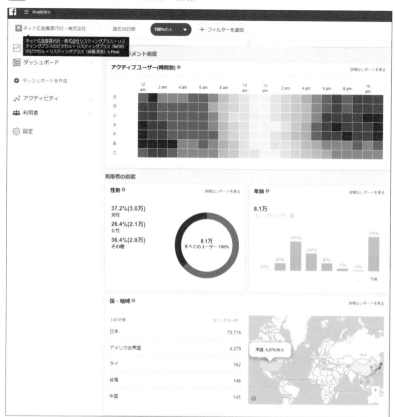

1 Instagramインサイトのアクセス方法

　Instagramインサイトは、Instagramの個人ページをプロアカウント(ビジネスアカウント)に切り替えなければ利用できません(後述)。InstagramインサイトはInstagramのアプリからアクセスできます。PCからはアクセスできないので注意してください。

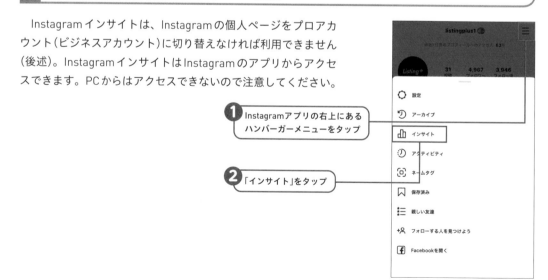

❶ Instagramアプリの右上にある
ハンバーガーメニューをタップ

❷「インサイト」をタップ

Instagramインサイトの項目

Instagram インサイトでは、大きく「アクティビティ」 **03** と「オーディエンス」 **04** のカテゴリに分類されます。

● アクティビティ

- ●**インタラクション**：他のユーザーがあなたのアカウントに対して行なったアクションを示します。
- ●**プロフィールへのアクセス**：プロフィールの閲覧数です。
- ●**発見**：コンテンツを見たアカウント数とコンテンツが表示された場所を示します。
- ●**リーチ**：投稿を見たユニークアカウント数です。推定値であり正確ではない可能性があります。
- ●**インプレッション数**：すべての投稿が表示された合計回数です。

● オーディエンス

- ●**全体**：選択した期間にあなたのフォローをしたアカウントの数からあなたのフォローをやめたアカウントまたはInstagramを退会したアカウントの数を引いた数です。
- ●**トップの場所**：フォロワーが特に多い場所(地域)です。
- ●**年齢層**：フォロワーの年齢の分布です。
- ●**性別**：フォロワーの性別の分布です。
- ●**フォロワー**：フォロワーのInstagram使用時間帯です。

03 アクティビティ

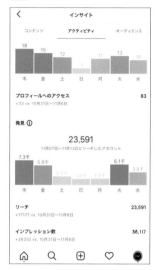

04 オーディエンス

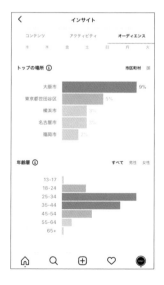
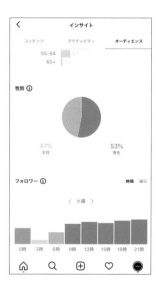

Column

プロアカウントへの切り替え方法

　プロアカウントへの切り替えは右上のハンバーガーメニューから「設定」→「アカウント」→「プロアカウントを切り替る」→「ビジネス」の手順で行います。

ビジネス用Instagram「Instagramでプロアカウントを設定する」
https://www.facebook.com/help/instagram/502981923235522

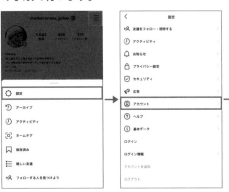
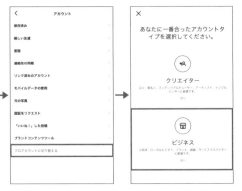

1　Twitterアナリティクスのアクセス方法

　Twitterアナリティクスはアカウントのホームから「もっと見る」→「アナリティクス」で表示します。

❶ ホームから「もっと見る」をクリック

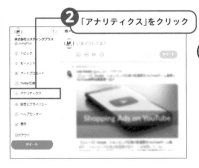
❷ 「アナリティクス」をクリック

！ ツイート単体のアナリティクスは、ツイートの右端にある縦3本のマークをクリックすると表示されます。

Twitterアナリティクスの項目

　Twitterアナリティクスでは、ツイートの「インプレッション」 **05** と「エンゲージメント」 **06** が主な項目となります。なお「全てのツイートアクティビティを表示」をクリックするとエンゲージメントの詳細なグラフが表示されます。

- **ツイート**：ツイートした件数。
- **ツイートインプレッション**：ユーザーがTwitterでツイートを見た回数。
- **プロフィールへのアクセス**：ユーザーがプロフィールにアクセスした回数。
- **@ツイート**：自分宛てに届いたツイート数。
- **フォロワー**：自分のアカウントをフォローしてくれる人数。

05 ツイートのインプレッション

- **エンゲージメント**：ユーザーがツイートに反応した合計回数。ツイートのクリック（ハッシュタグ、リンク、プロフィール画像、ユーザー名、ツイートの詳細表示のクリック、リツイート、返信、フォロー、いいねを含みます）。
- **エンゲージメント率**：エンゲージメント（クリック、リツイート、返信、フォロー、いいね）の数をインプレッションの合計数で割って算出します。

06 ツイートのエンゲージメント

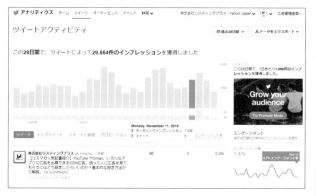

SNS広告におけるKPIとは

CLICK　　ENGAGEMENT　DOWNLOADS

PLAYS　　FOLLOWERS　　CPA

SNS広告にはキャンペーン目的の種類が複数あります。広告の目的に応じてキャンペーン設定を使い分けると、より効果的に目標を達成できます。なお、目的・目標により運用していく指標となるKPIが異なってきます。ここでは、広告を通して得たい目的・目標を効果的に測定するためのKPIの定め方を説明していきます。

SNS広告におけるKPIとは

　KPIを定める際には、広告の目的をしっかりと定める必要があります。SNS広告を通してどのような結果を得たいかにより、広告出稿のキャンペーン目的の選定が異なります。目的は、大きく分けて「獲得目的」と「検討・認知拡大目的」の2つに分類できます。目的の指標となるKPI項目の例は次のようになります。

KPIについてはP50をご覧ください。

□ 獲得目的のKPI例
- 獲得単価
- 獲得数
- コンバージョン率

□ 検討・認知拡大目的のKPI例
- クリック数
- クリック単価(なるべく単価を安く抑える)
- エンゲージメント数 (インプレッション、広告への反応、いいね!、フォローなど)

キャンペーン目的の使い分け

　各媒体のキャンペーン目的は、2つの目的 (獲得目的、検討・認知拡大目的)により使い分ける必要があります。
　Facebook/Instagram広告では3つのカテゴリ (認知・検討・コ

ンバージョン）から11のキャンペーン目的を選択できます **01**。
これらを前述した2つの目的に、利用の需要度の順で分類すると
02 のようになります。

01 Facebook/Instagram広告で設定できるキャンペーン目的

マーケティングの目的は？　ヘルプ: 広告の目的		
認知	**検討**	**コンバージョン**
ブランドの認知度アップ	トラフィック	コンバージョン
リーチ	エンゲージメント	カタログ販売
	アプリのインストール	来店数の増加
	動画の再生数アップ	
	リード獲得	
	メッセージ	

02 Facebook/Instagram広告の利用需要度

利用需要度（上から高い順）	獲得目的	検討・認知拡大目的
1	コンバージョン	トラフィック
2	リード獲得	動画の再生数アップ
3	来店数の増加	（投稿の）エンゲージメント
4	アプリのインストール	リーチ
5	カタログ販売	ブランドの認知度アップ
6	―	メッセージ

　一方、Twitter広告では8つのキャンペーン目的から選択でき
ます **03**。これらを2つの目的に分類すると **04** のようになります。
　これらを参考に、目的に応じてキャンペーン目的の項目を使い
分けてください。

03 Twitter広告で設定できるキャンペーン目的

04 Twitter広告の利用需要度

利用需要度（上から高い順）	獲得目的	検討・認知拡大目的
1	ウェブサイトへの誘導数またはコンバージョン	ツイートのエンゲージメント
2	フォロワー	ブランド認知度の向上
3	アプリインストール数	プロモビデオ再生数
4	―	アプリの起動回数
5	―	インストリーム動画再生数

管理画面でKPIを確認する場所

では、Facebook/Instagram広告およびTwitter広告の、KPIに必要な値を確認する方法について紹介します。

Googleアナリティクス上で広告から流入したユーザーを識別して分析する場合は、広告からのリンク先のURL設定にカスタムパラメーターを付けます。カスタムパラメーターについてはP123をご覧ください。

● Facebook/Instagram広告

広告マネージャの管理画面にある「列：パフォーマンス」から項目を選んで確認します **05**。

なお選択できる主な項目は以下になります。

- パフォーマンス
- エンゲージメント
- 動画エンゲージメント
- アプリのエンゲージメント
- カルーセルエンゲージメント
- パフォーマンスとクリック数

など

Facebook/Instagram広告におけるKPIの確認場所

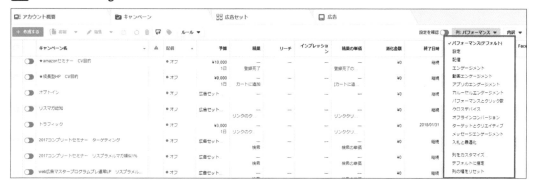

● **Twitter広告**

　Twitter広告の管理画面にある「データ:概要」から項目を選んで確認します **06**。

- ●概要
- ●インストリーム動画広告再生数
- ●ウェブサイトコンバージョン
- ●ツイートのエンゲージメント
- ●プロモトレンド
- ●プロモビデオの再生数
- ●モバイルアプリコンバージョン
- ●データをカスタマイズ(自分の見たい項目にカスタマイズ)

06 **Twitter広告におけるKPIの確認場所**

ケース別「SNS広告におけるKPI」

SNS広告でどの指標をKPIとして設定すべきかついては、ケース・バイ・ケースでの判断となります。ここでは、具体的な3つのケースを元にKPIの考え方について紹介しますので、これらを参考に自社の状況と目的にふさわしいKPIを考えましょう。

● セミナー獲得

例：参加費無料のセミナー集客

無料セミナーを開催し、そこからバックエンド商品の販売や個別契約の締結につなげることで利益を上げているケースです。費用をかけて集客する場合、想定成約率なども考慮し、セミナー参加申し込み1件あたりの獲得単価（CPA）の損益分岐点、および目標とすべき単価を逆算します。広告ではこのCPAをKPIとし、目標内で獲得できるように運用していきましょう。

● キャンペーン告知

例：子育てママ向け 抽選で当たるキャンペーン

キャンペーン告知にSNS広告を利用する場合、大切なKPIは「ターゲットとしているユーザーに適切に広告が届いているか」となります。ターゲットが「子育てママ向け」と決まっているのであれば、ターゲティング設定で年齢や趣味関心のセグメントをします。実際に広告を出稿したあとは、設定したターゲットで「リーチ」が伸びているかをKPIとしていきましょう。

リーチとは広告または投稿が表示されたユーザー数を示します。つまり、使用した広告費に対してより多くの人にリーチしていれば、その分費用対効果がよいことになります。

● 認知拡大施策

例：新商品発売

新製品の場合、まずは商品を知らない人に「知ってもらう」ことが重要になります。このようなケースでは、商品USP（→P59）を一番伝えやすい動画クリエイティブを使用するとよいでしょう。

この場合は、動画視聴率や動画再生数をKPIとすることをおすすめします。動画視聴率が高いほど、その動画を見てもらえていることになります。また再生数が伸びるほど、多くのユーザーに見てもらえていることになります。

ターゲティング設定では、広告を表示するユーザー層を地域や年齢層、性別、趣味関心などの属性で絞り込めます。子育てママであれば、「地域：商圏の該当地域」「年齢層：25歳以上」「性別：女性」「趣味関心：子育て」といったターゲティング設定が考えられます。

ディスプレイ広告

section 01

ディスプレイ広告とは

ディスプレイ広告とは、ウェブサイトやアプリの広告枠に表示されるバナーや動画のことです。普段、見るサイトやアプリなどでバナーの広告を見かけることでしょう。その広告枠にいろいろなターゲティングの条件を設定していくと、狙ったターゲットに絞り込んだ広告を出すことができます。

ディスプレイ広告の特徴

ディスプレイ広告をクリックをすると、設定したウェブサイトへユーザーを誘導できます。戦略的にターゲットを絞って広告を配信して、商品やサービスを知らない潜在的なユーザーへアプローチすることが得意な広告です。

一般的にバナー広告と呼ばれるものは、新聞や雑誌などの広告と同様に、決められた場所に決められた期間、決められた料金で表示されます。一方、ディスプレイ広告の場合は効果に応じて料金が変化したり、ターゲットにあわせて広告を配信できたりなど、リスティング広告の特徴もあわせ持ちます。

● ディスプレイ広告の料金

ディスプレイ広告の料金は、ユーザーがクリックするごとに課金されるクリック単価制(CPC)と表示回数に応じて料金がかかるインプレッション単価制(CPM)、コンバージョンを最大限に獲得できるように入札単価が自動調整される目標コンバージョン単価制(CPA)があります。なお、料金は事前に入金をします。1日の上限も決められるので目標や予算に応じて設定をします。

● ディスプレイ広告が配信される場所

ディスプレイ広告は、ウェブサイトやアプリのディスプレイネットワーク枠に表示されます 01。

広告の掲載場所やフォーマットは各ウェブサイトやアプリで

CPCは「Cost Per Click(=クリックごとのコスト)」、CPMは「Cost Per Mille(=1000回表示ごとのコスト)」、CPAは「Cost per Acquisition(=獲得ごとのコスト)」の略称です。

ディスプレイネットワーク

その広告サービスがディスプレイ広告を配信できるウェブサイトやアプリなどのこと。Google広告が配信するネットワーク(GDN)とYahoo!広告が配信する(YDN)が代表的な存在。

異なります。またGoogleディスプレイネットワーク（GDN）と
Yahoo!ディスプレイネットワーク（YDN）では広告のサイズやフ
ォーマットとも異なります。なお、GDNとYDNの詳細について
は後述します。

01 YDNの配信場所

https://promotionalads.yahoo.co.jp/service/ydn/

参考URL

Google広告ヘルプ「イメージ広
告の要件」
https://support.google.com/
adspolicy/answer/176108

Yahoo!広告「ディスプレイ広告の
画像フォーマット」
https://ads-help.yahoo.
co.jp/yahooads/ydn/
articledetail?lan=ja&aid=1385

● リスティング広告との違い

　ディスプレイ広告は、リスティング広告と違って検索画面に表
示されるのではなく、ウェブサイトのコンテンツの中に表示され
ます。また、指定したキーワードのウェブサイトやアプリ、動画
サイト、性別、年齢、地域などの設定をして表示させることがで
きます。

　ディスプレイ広告はコンテンツの中に画像で表示されるので視
覚的に目につきやすく、潜在顧客にアプローチできるのがメリ
ットです **02** 。一度サイトに訪れたユーザーをターゲットにして、
他のサイトに訪れた時に広告を出すように設定することもできま
す。

02 ディスプレイ広告は画像などを使って視覚に訴えたアプローチが可能

https://www.yahoo.co.jp/

リスティング広告では、商品を認知していないユーザーは検索しないので表示してもらえません。しかし、ディスプレイ広告では、そのサイトに一度訪れたユーザーに対して、ターゲットを絞って視覚的にアプローチできるのでリスティング広告とは違ったメリットがあります。

● ディスプレイ広告のターゲティング

ターゲティングとは、どのユーザーに対して表示させるのか、どのサイトに表示させるのかの条件を絞ってディスプレイネットワーク内の枠に配信する手法を指します。ターゲティングは2つの分類に分けることができます。

□ ユーザー

ターゲティングで絞り込む時に年齢層や居住地域、性別などの条件で絞り込むことができます。

□ ディスプレイネットワーク枠

ディスプレイネットワークの枠を持つサイトのカテゴリーを絞り込み、配信したいジャンルのサイトへ配信することができます。

ディスプレイ広告の2大プラットフォーム

ディスプレイ広告には、多くの広告が配信されている2大プラットフォームが存在します。それがGDN（Googleディスプレイネットワーク）とYDN（Yahoo!ディスプレイアドネットワーク）です。

GDNとYDNともにテキスト、画像、動画など、配信できる形態は同じですが、テキストの文字数や画像のサイズなどの仕様が異なります。ターゲティングできるのは、双方ともユーザーとディスプレイネットワーク枠です。ただし、絞り込みについては仕様が異なるので、それぞれの特徴を理解した上で選択するようにしましょう。

● GDN（Googleディスプレイネットワーク）

GDNは200万以上の提携サイトやアプリをもち、インターネットユーザーの90%にアプローチできます **03**。国内の有名なサイトではライブドア、食べログ、アメブロなどがあり、Googleが運営しているYouTubeやGmailにも広告を配信することが可能です。

GDNで出稿できる広告枠の確認

GDNで出稿されたディスプレイ広告は、パソコンで右上の「i」のマークにカーソルを置くと「Ads by Google」と表示されます。なお、iマークをクリックしたり、スマートフォンでタップしたりすると、その広告主の適切な広告運用の妨げになるので絶対にやめましょう。

Ads by Google ⓘ ✕

コンテンツターゲティングとはキーワードを元にサイトをターゲティングして広告を配信する仕組みです。Googleのウェブサイトを解析するシステムがディスプレイネットワークにあるすべてのコンテンツを分析して、テーマを割り出します。

広告を配信したいキーワードを設定すると、キーワード・トピック・ターゲット・言語・地域・ページを表示しているユーザーの最近の閲覧履歴といった様々な要素とウェブサイトのテーマを比較して、広告が掲載されます。

`03` GDN（Googleディスプレイネットワーク）

https://ads.google.com/intl/ja_jp/home/

● YDN（Yahoo!ディスプレイアドネットワーク）

YDNはYahoo!が運営するディスプレイ広告です `04` 。GDN同様にアプローチしたいターゲットの属性、年齢・性別・地域を設定したり、過去にウェブサイトを訪れたユーザーに絞り込んでディスプレイ広告を出稿することができます。Yahoo!ニュースやヤフオク！などにも表示されるほか、All About、NAVER、Cookpadなどのウェブサイトにも表示されるようになります。

`04` YDN（Yahoo!ディスプレイアドネットワーク）

https://promotionalads.yahoo.co.jp/service/ydn/

**YDNで出稿できる
広告枠の確認**

YDNで出稿されたディスプレイ広告は、パソコンで右上の「i」のマークにカーソルを置くと「Yahoo!広告」と表示されます。ただし、iマークをクリックしたり、スマートフォンでタップしたりすると、その広告主の適切な広告運用の妨げになるので絶対にやめましょう。

□ サーチキーワードターゲティング

ユーザーがYahoo!検索で検索したときのキーワードを元にして見込み顧客にアプローチできます。過去に検索した履歴からターゲットを絞り込んで配信する仕組みです。

例えば過去に「スニーカー」とYahoo!検索で検索したユーザーに配信したい場合は、ターゲティングのキーワードを「スニーカー」に登録すると、過去に検索した見込み客のユーザーへ広告を配信できます。

ディスプレイ広告の幅、サイズ

広告のサイズはGDNとYDNで異なるので、それぞれのサイズを用意する必要があります。なお、入稿した広告は配信先のディスプレイネットワーク枠に合わせてサイズ、形式、フォーマットが自動で調節されます。

● GDNの広告サイズと形式

GDNで使用できる広告サイズは です。なお画像形式は「JPEG、GIF、PNG、GIFアニメーション」となります。GDNでバナー画像を作る時は、文字の部分が画像全体の20%を超えないように作成する必要があります。GIFアニメーションは使えますが30秒を超えてはいけません。

> GDNのレスポンシブ広告とは、2種類の画像とテキストをアップロードして、広告枠のサイズに合わせてそれらを組み合わせて表示する形式の広告です。1つの完成したバナー画像をサイズごとにいくつも作成する場合に比べて手間がかかりません。

05 GDNの広告サイズ

モバイル	パソコン	レスポンシブ広告画像サイズ
300 x 250 ／ 320 x 250 ／ 320 x 100 ／ 250 x 250 ／ 200 x 200	300 x 250 ／ 336 x 280 ／ 728 x 90 ／ 300 x 600 ／ 160 x 600 ／ 970 x 90 ／ 468 x 60 ／ 250 x 250 ／ 200 x 200	横長（1.91:1）：1200×628（最小要件：600×314、最大ファイルサイズ：5120 KB） スクエア：1200×1200（最小要件：300×300、最大ファイルサイズ：5120 KB）

● YDNの広告サイズと形式

YDNで使用できる広告サイズは です。なお画像形式は「JPEG、GIF、PNG」となります。背景を透過させたバナー、FLASHのバナー、GIFアニメーションは使用できません。

なお、テンプレート広告形式で配信する場合、配信先の広告枠の都合により画像の一部がトリミングされる可能性があります。画像に文字が入っている場合は切れたりしないように、事前にYahoo!が公式で設けている「ディスプレイ広告（YDN）テンプレート広告用画像表示シミュレーター」 **07** で確認しましょう。

> YDNのテンプレート広告とは、2種類の画像とテキストをアップロードして、広告枠のサイズに合わせてそれらを組み合わせて表示する形式の広告です。1つの完成したバナー画像をサイズごとにいくつも作成する場合に比べて手間がかかりません。

06 YDNの広告サイズ

モバイル	パソコン	テンプレート広告画像サイズ
300 x 250（※ 600×500 以上を推奨）／ 320 x 100（※ 640×200 以上を推奨）／ 320 x 50（※ 640×100 以上を推奨）	300 x 250 ／ 468 x 60 ／ 728 x 90 ／ 160 x 600 ／ 300 x 600	横長（1.91:1）：1200 × 628（3MB 以内） スクエア：300 × 300（3MB 以内）

07 ディスプレイ広告（YDN）テンプレート広告用「画像表示シミュレーター」

https://promotionalads.yahoo.co.jp/dr/image-simulator/

GDNとYDNで共通のターゲティング

　GDNとYDNのターゲティングで共通しているものを以下に紹介します。なお、ターゲティング項目は同じでも細かい仕様が異なる場合もあるので注意してください。

● 性別ターゲティング

　ユーザーの性別を絞り込んで広告を配信することができます。すべてのユーザーの性別を特定はできないので、「推定」「不明」のユーザー設定で漏れをなくすことも可能です。

● 年齢ターゲティング

　ユーザーの年代を絞り込んで広告を配信します。YDNとGDNでは年齢を絞り込む層が若干異なります **08**。なお、複数の選択も可能です。

YDN	GDN
13歳～14歳、15歳～17歳、18歳～19歳、20歳～21歳、22歳～29歳、30歳～39歳、40歳～49歳、50歳～59歳、60歳～69歳、70歳以上、不明 ※不明は、年齢が不明のユーザーに限定して配信します。	18～24歳、25～34歳、35～44歳、45～54歳、55～64歳、65歳以上、不明 ※不明は、年齢が不明のユーザーに限定して配信します。

● 曜日・時間帯ターゲティング

　曜日・時間帯を設定して、その時間にインターネットを利用しているユーザーに絞り込んで配信することが可能です。広告を配信する時間帯は1時間単位で設定できます。

● 地域ターゲティング

　広告を配信する対象の国・地域を設定し、設定したユーザーと地域属性が一致した場合に広告を配信することができます。

　地域ターゲティングでは「ユーザーがいる可能性が高い地域」や「ユーザーが関心を示している地域」を設定したり、逆に除外したりできます。ターゲット地域を定期的に訪れているユーザーや、ターゲット地域に関する情報を検索しているユーザーに広告を配信することが可能です。

● デバイスターゲティング

　デバイスターゲティングではPC・スマートフォン・タブレット・テレビ画面の入札単価を調整したり、対象にしたいデバイスのみに設定することが可能です。

- 引き上げ率 0～900%
  （0%～900%の範囲で入札価格を高く設定）
- 引き下げ率 1～90%　または100%
  （1%～90%の範囲で入札価格を低く設定）

　引き上げ率を高くすると、そのデバイスに向けた配信が増えます。ただし、あるデバイスを900%にしても、ほかのデバイスで広告が配信されることはあります。引き下げ率を100%にすると対象にしたデバイスには広告を配信しなくなります。

デバイスごとの単価調整は広告作成後に管理画面の表示テーブルから行います。GDNでは管理画面の左側のメニューから「設定」の「デバイス」をクリックします。YDNでは管理画面の「表示内容選択」で「ターゲティング」ボタンをクリックし、「デバイス」タブをクリックします。ほかのターゲティング項目についても同様の手順で単価を調整できます。

CHAPTER 3

ディスプレイ広告

● プレイスメント（プレースメント）ターゲティング

YDN はプレイスメントターゲティング、GDN ではプレースメントターゲティングと呼びます。

これを自動にしておくと、選択したキーワードや他の項目で選択したターゲティングを分析して、関連性の高いディスプレイネットワーク枠に自動で配信することが可能です。

手動で行う場合には、広告を配信するサイトをピンポイントで設定できます。狙っているターゲット層のユーザーが定まっている場合には手動の方が効果的です。なお、配信しないサイトも設定できます。

サイトごとに入札単価を細かく設定できるため、無駄なく広告を配信できます。

● サイトリターゲティング、リマーケティング

YDN はサイトリターゲティング、GDN はリマーケティングと呼びます。このターゲティングを設定すると、一度サイトを訪れたユーザーに対して広告を表示することが可能です。例えば EC サイトなどで一度商品を見て、その後に別のサイトへ行った時に関連する広告が表示されているのはサイトリターゲティング（リマーケティング）となります。

● サイトカテゴリーターゲティング、トピックターゲティング

特定のサイトカテゴリー、トピックを設定すると、それに関連したウェブサイトやアプリに広告を配信します **09**。また、サブカテゴリー、サブトピックも設定できます。

例えば親カテゴリーが服であれば、その中のカテゴリーで国や地域、アウター、トップスなど細かい設定でターゲティングを絞りこむことが可能です。

設定したカテゴリーだけに広告が表示されるのでターゲット以外のユーザーのクリックを減らすことができます。

09 設定できるカテゴリーとトピック

YDN	GDN
ニュース、情報系／ソーシャルサービス／電子メール、ストレージ／エンターテイメント／専門サイト（サービス）／専門サイト（製品、物販）／専門サイト（その他）	アート、エンターテイメント／インターネット、通信／オンラインコミュニティ／ゲーム／コンピュータ、電化製品／ショッピング／スポーツ／ニュース／ビジネス、産業／フード、ドリンク／ペット、動物／不動産／世界の国々／人々、社会／仕事、教育／住居、庭／健康／旅行／書籍、文学／法律、行政／化学／美容・フィットネス／自動車／資料／趣味・レジャー／金融

section

02 ディスプレイ広告を利用する方法

GDNとYDNを利用するための設定を行います。GDN、YDNともにサービスが常にアップデートされていくので、ボタンの位置やメニュー項目が変更されることもありますが、基本は変わりません。設定項目についても解説していますが、慣れるまでは「推奨」とされている項目を選び、その効果に応じて変更するようにしましょう。

1 GDNを利用する方法

GDN（Googleディスプレイネットワーク）はGoogle広告から利用を開始します。まずは作成したGoogleのアカウントでログインをしましょう。

1 Google広告（https://ads.google.com/intl/ja_JP/home/）にアクセス

2 Google広告アカウントでログイン

Google広告アカウントの作成については以下のURLを参照してください。
Google広告ヘルプ「Google広告アカウントを作成する」
https://support.google.com/google-ads/answer/6366720?hl=ja

GDNの広告を適切に運用するためには、リンク先のウェブサイトにグローバルサイトタグとイベントスニペットを貼り付けておく必要があります。手順についてはリスティング広告と同様なので、P26をご覧ください。

ログインをするとダッシュボードに移動します。ここからディスプレイ広告を作成していきます。

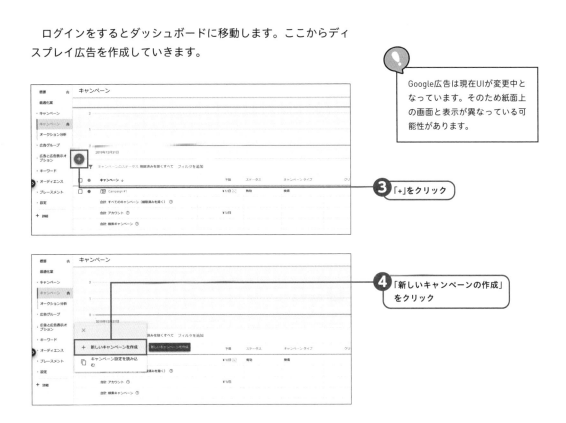

Google広告は現在UIが変更中となっています。そのため紙面上の画面と表示が異なっている可能性があります。

3 「+」をクリック

4 「新しいキャンペーンの作成」をクリック

　ここでは、ターゲット設定で絞り込んだユーザーを自社のページへ誘導することを広告の目標とします。「ウェブサイトのトラフィック」を選択します。

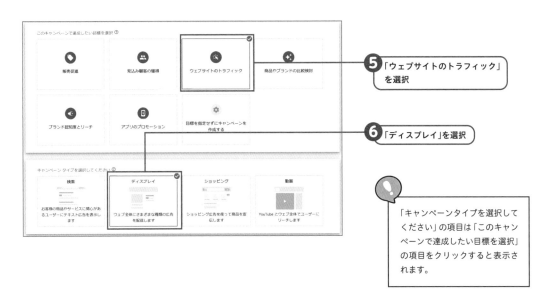

5 「ウェブサイトのトラフィック」を選択

6 「ディスプレイ」を選択

「キャンペーンタイプを選択してください」の項目は「このキャンペーンで達成したい目標を選択」の項目をクリックすると表示されます。

キャンペーンのサブタイプの選択ではディスプレイ広告をどの
ような設定で配信するのかを選択します。

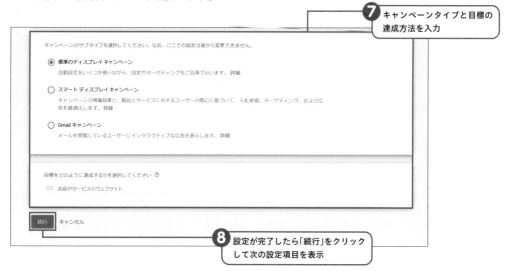

□ 標準のディスプレイ キャンペーン

スマートディスプレイキャンペーンと違い、ターゲティングな
どを自分で細かく設定していくタイプです。以降ではこの「標準
のディスプレイキャンペーン」を選択していることを前提に解説
を進めていきます。

□ Gmail キャンペーン

Gmailを閲覧しているユーザーにインタラクティブな広告を表
示します。

□ 目標をどのように達成するかを選択してください

ここにはディスプレイ広告でアクセスさせたいウェブサイトの
URLを入力します。Googleの機械学習により、入力した内容に
あわせて、キャンペーンの設定や機能が自動的にカスタマイズさ
れます。

> スマートディスプレイ キャンペーンは、入札単価の調整やターゲットの設定をGoogleの機械学習による最適化に任せるキャンペーンです。自動化される設定以外の項目は「標準のディスプレイ キャンペーン」と大きな違いはありません。

2 GDNのキャンペーン作成

続いて、GDNのキャンペーンを作成します。上から順に設定
方法について解説していきます。

□ キャンペーン名の設定

これから作成するキャンペーンの名前を入力します。わかりや
すいキャンペーン名を付けておきましょう。

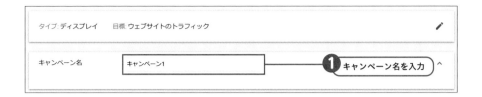

地域の設定

地域の設定ではデフォルトで「ターゲット地域にいるユーザーと、ターゲット地域に関心を示しているユーザー（推奨）」になっており、設定した地域にいる可能性が高いユーザー、ターゲット地域を頻繁に訪れているユーザー、その地域に関心を示しているユーザーに広告が表示されます。

特定の地域を限定して、その地域に住んでいる人のみにターゲットを絞りたい時は、「ターゲット地域に所在地があるユーザーと、ターゲット地域を定期的に訪れているユーザー」にチェックを入れます。

「ターゲット地域に関心を示しているユーザー」は、例えば千葉県にいなくても、千葉県のことを調べているユーザーに表示されるようになります。

除外の設定では「除外した地域のユーザー」がデフォルトで設定されており、除外地域を設定することで、その地域にいるユーザーに広告が表示されなくなります。

「別の地域を入力する」を選択すると、地域名を入力してターゲット地域（または除外地域）を設定できるようになります。

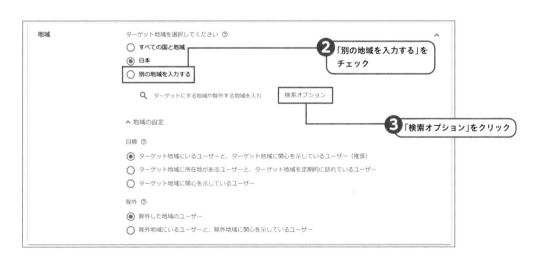

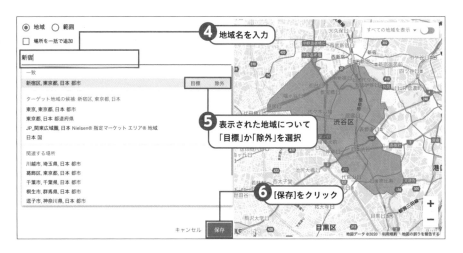

言語の設定

言語の設定では、ユーザーが設定した言語、または最近閲覧したページやアプリの言語を判別して広告を表示します。複数の言語も設定できますが、広告やキーワードは自動的には翻訳されないので注意が必要です。基本はデフォルトのままで問題ありません。

☐ 単価設定

　単価の設定では、まず重視している要素を決定します。GDNでは「コンバージョン」重視と「インプレッション」重視から選択することが可能です。なお、コンバージョン重視を選択した場合は最適化を目指す単価設定をします。まずはコンバージョン重視を選択した場合の設定を解説します。

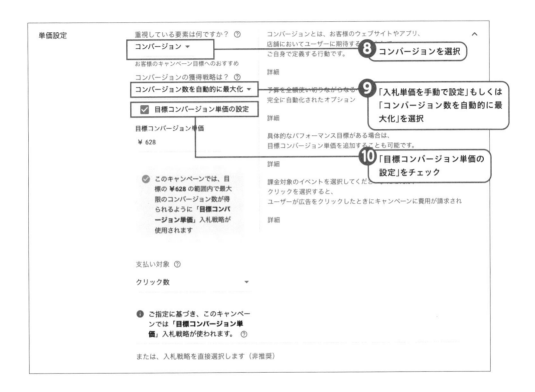

　「入札単価を手動で設定」は、クリック1回あたりの入札額を手動で設定します。目標に合わせてGoogle側でコンバージョンが増えるように自動で入札単価が微調整されます。

　「コンバージョン数を自動的に最大化」は、予算を全額使い切り、なるべく多くのコンバージョンを獲得します。Googleの機械学習を使用して個々のオークションのコンバージョン数やコンバージョン値の最適化を行います。完全に自動化なので、手動で入札単価を設定する際の手間が省かれます。

「目標コンバージョン単価の設定」にチェックを入れると、自動的に一般的な金額を提示してくれます。目標コンバージョン単価とはGoogleの自動入札戦略の1つです。設定した金額を平均単価としてコンバージョンを最大限に獲得できるように入札単価が自動調整されます。

続いてインプレッション重視を選択した場合の設定について解説します。インプレッション重視は広告が表示された回数で料金が発生します。視認範囲のインプレッションで「視認範囲」とみなされるのは、広告面積の50%以上が画面に表示され、1秒以上の表示された場合になります。このインプレッション単価では、視認範囲のインプレッション1,000回あたりの入札単価を設定します。なお、インプレッション重視の場合、単価設定はデフォルトのままで問題ありません。

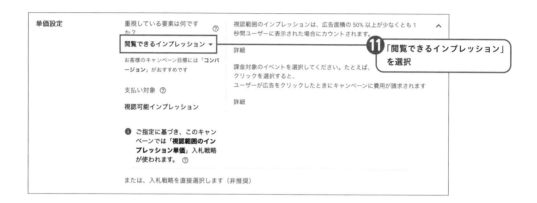

□ 予算の設定

予算の設定では、1日あたりの平均費用として金額を入力します。広告の費用はクリックされた回数や、表示された回数に左右されるため、必ずしも設定した金額通りとはなりません。広告費用は日によって予算を下回ったり、予算の最大で2倍に増えたりすることがあります。ただし、1か月の請求額が、1日の予算×1か月の平均日数を超えることはありません。

配信方法の「標準」では設定した金額を均等に消化します。「集中化」は日の早い時間に消化してしまうため、この設定は慎重に選択した方がよいでしょう。

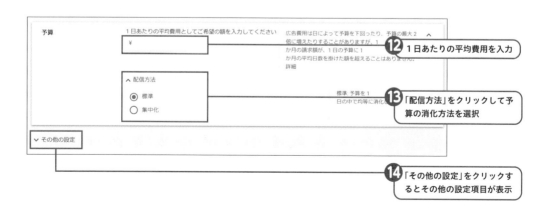

「その他の設定」をクリックすると、さらに設定項目が表示されます。ここでは広告を配信するスケジュールやデバイス、コンテンツの除外などを設定することが可能です。時間帯や曜日など、詳細な出稿設定を行えますので、より適切なターゲットの絞り込みに役立ちます。

広告のローテーション	最適化: 掲載結果が最も良好な広告が優先的に表示されます	⌄
広告のスケジュール	終日	⌄
開始日と終了日	開始日: 2020年1月6日　　終了日: 未設定	⌄
デバイス	すべてのデバイスに表示	⌄
フリークエンシー キャップ	Google 広告で広告の表示頻度を最適化する（推奨）	⌄
キャンペーン URL のオプション	オプションが設定されていません	⌄
動的広告	データフィードなし	⌄
コンバージョン	アカウント単位のコンバージョン設定（使用中のコンバージョン アクション: **セミナーコンバージョン**）	⌄
コンテンツの除外	すべてのコンテンツに広告を表示する	⌄

- **広告のローテーション**：初期設定では「最適化: 掲載結果が最も良好な広告が優先的に表示されます」となっており、クリックやコンバージョンの獲得数が多いと見込まれる広告を表示します。「最適化しない: 広告を無制限にローテーションして表示します」を選択すると、掲載結果の悪い広告もよい広告も同じ頻度で表示され、無期限に配信が続きます。

- **広告のスケジュール**：広告が表示される曜日や時間を設定できます。通勤時間帯に合わせて広告を配信したり、休日のみに配信するといった設定が可能です。

- **開始日と終了日**：開始日と終了日で広告が配信されます。季節イベントごとの広告などに設定すると効果的です。デフォルトでは終了日が入力されていないので、広告の掲載は継続していきます。

- **デバイス**：「パソコン」「モバイル」「タブレット」を選ぶことができます。また、オプション設定の「オペレーティングシステム」では OSを選択することができ、バージョンまで設定することが可能です。「デバイスのモデル」ではメーカーや機種を指定できます。「ネットワーク」では「Wi-Fi」か「キャリア」を選択することが可能です。

広告のローテーションは、キャンペーン内に複数の種類のバナーなどを設定している場合に、どのような優先順位でそれらの広告を表示させるかを決める設定です。

- **キャンペーン URL のオプション**：広告がクリックされると、最終ページURLに情報が追加され、ランディングページのURLが生成されます。

- **動的広告**：上級者向けの機能で、ユーザーが広告主のサイトやアプリで過去に閲覧した情報に基づいて広告をカスタマイズします。カスタマイズの内容をCSV形式などのフィードファイルで作成し、アップロードすることで有効になります。

- **コンバージョン**：デフォルトでは「アカウント単位の［コンバージョンに含める］設定を使用する」で、アカウントに複数のコンバージョンが登録されている場合はこのキャンペーン用に個別に選択できます。スマート自動入札では、これらのコンバージョンを重視して最適化が行われます。

- **コンテンツの除外**：配信する広告に適さないコンテンツを広告の掲載対象から除外することが可能です。設定をしても関連するコンテンツがすべて除外されるとは限りません。

スマート自動入札

広告オークションごとに広告掲載を最適化して、収益につながらないクリックを減らし、収益性の高いクリックをできるだけ多く獲得できるよう自動で調整する機能。P103にある「コンバージョン数を自動的に最大化」と「目標コンバージョン単価の設定」、P108にある「拡張クリック単価」などはスマート自動入札の機能です。

3 GDNの広告グループの作成

続けてキャンペーンの広告グループを作成します。「広告グループ名」を入力したら、ユーザーの設定を行います。

オーディエンスの設定

対象となるオーディエンスの設定を行います。「ターゲットとするオーディエンスの編集」で「検索」のタブを選択すると、自分で広告にあったキーワードや属性を検索して設定できます。
「閲覧」のタブでは、次のカテゴリーごとに設定していきます。

- **ユーザーの属性**：「子供の有無」「配偶者の有無」「教育」「住宅所有状況」から選択できます。

- **ユーザーの興味や関心、習慣**：ユーザーが過去に閲覧したアフィニティカテゴリを元にターゲットの設定をします。

- **ユーザーが積極的に調べている情報や立てている計画**：「カスタム インテント オーディエンス」と「購買意向の強いオーディエンス」から細かいカテゴリーを選択できます。なお、「ライフイベント」では「結婚」や「起業」「転職」などを選択してターゲットのユーザーを絞りこむことができます。

● **ユーザーがお客様のビジネスを利用した方法**：オーディエンス
リストを作成して、サイトを訪問したユーザーへのリマーケティングや、リストに基づいた類似ユーザーへの表示を行います。

オーディエンスリストは作成済みのものしか選択できないので、初めて利用する場合はいったん広告キャンペーンを作成したあとで、右上の「ツールと設定」から「オーディエンスマネージャー」を起動してオーディエンスリストを作成してください。

Google広告ヘルプ「オーディエンス マネージャーのオーディエンス リストについて」
https://support.google.com/
google-ads/answer/
7558048?hl=ja

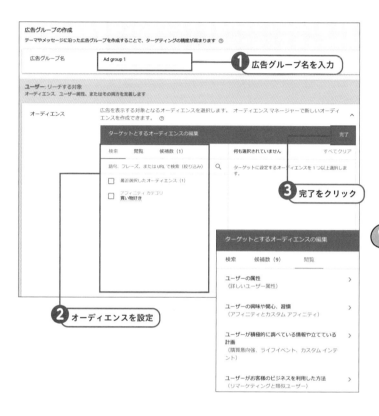

1 広告グループ名を入力

2 オーディエンスを設定

3 完了をクリック

リマーケティング機能を利用するためには、オーディエンスリストに閲覧データが蓄積されている必要があります。また、リマーケティング機能を利用する際は、ウェブサイトのプライバシーポリシーに明記しておかなくてはならない事項があります。詳しくは下記のページを参照してください。

Google広告ヘルプ「リマーケティングに関してプライバシー ポリシーに記載する必要がある情報」
https://support.google.com/
google-ads/answer/
2549063?hl=ja

☐ **ユーザー属性の設定**

対象となるユーザーの設定を行います。「ターゲットとするユーザー属性の編集」から年齢、性別、子供の有無、世帯収入に基づいてアプローチするユーザーの設定を行います。

4 ユーザー属性を設定

5 完了をクリック

□ コンテンツの設定

コンテンツターゲットの設定から、「キーワード」「トピック」「プレースメント」で広告が表示されるコンテンツを絞り込みます。

● **キーワード**：商品やサービスに関連するキーワードを指定して、関連性の高いウェブサイトに広告を表示します。設定は「ターゲットとするキーワードの編集」から行います。キーワードを自動的に候補を取得してくれるので、その中から関連性が高いキーワードを選択することも可能です。

● **トピック**：トピックを指定すると、それに関連するウェブページ、アプリ、動画をまとめてターゲットに設定できます。

● **プレースメント**：ディスプレイネットワーク上の「掲載場所」を指定します。手動プレースメントの場合、1つのサイト全体、アプリ、サイト内の一部のページなどを指定できます。

特定のウェブサイトを指定したいときは、「ターゲットとするプレースメントの編集」で「複数のプレースメントを入力」をクリックしてURLを入力します。

□ ターゲットの拡張

設定したターゲットのユーザーに似ているユーザーをGoogleが探し出してアプローチを行います。表示回数、クリック数、コンバージョン数の増加が見込めます。

□ 広告グループの入札単価

コンバージョンにつながる可能性が高い場合は入札単価が引き上げられ、可能性が低い場合は入札単価が引き下げられる仕組みです。クリックがコンバージョンにつながる可能性に応じて、広告が表示候補になるたびに自動的に入札単価が調整されます。

この項目に入力した単価が拡張クリック単価（引き上げられる入札単価の上限)となります。

P104「入札単価」で重視する要素を「閲覧できるインプレッション」に設定している場合は、「この広告グループの視認範囲のインプレッション単価を入力します」と表示されます。

広告グループの入札単価　この広告グループの拡張クリック単価を入力してください ⑦

¥

8 拡張クリック単価を入力

□ 広告を作成

広告を設定します。広告はレスポンシブディスプレイ広告と画像広告の2種類がありますが、ここでは一般的なバナー画像の広告をアップロードする手順を紹介します。

9 「処理中」と表示されている枠をクリックして「ディスプレイ広告のアップロード」画面を表示

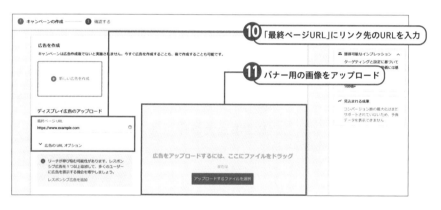

10 「最終ページURL」にリンク先のURLを入力

11 バナー用の画像をアップロード

アップロードできる画像ファイルの形式はGIF、JPG、PNGです。なお、広告サイズは複数ありますが、すべて作成する方がアプローチできる範囲も広がります。

初期設定で表示される「レスポンシブディスプレイ広告」は、広告見出しと説明文のテキスト、および横長イメージ、正方形イメージ、ロゴの画像を設定することで、広告の表示枠のサイズに応じてそれらを自動的に組み合わせて表示する広告です。複数の画像やテキストを設定しておくと、機械学習によって組み合わせの最適化を進めてくれます。また、ニュース一覧などに表示するインフィード広告もレスポンシブディスプレイ広告で表示できます。

Google広告ヘルプ「レスポンシブ ディスプレイ広告を作成する」

https://support.google.com/google-ads/answer/7005917

109

すべての項目を入力して下部にある「キャンペーンの作成」をクリックすると先へ進み、確認画面が表示されます。確認して先へ進むと広告配信を開始できます。Google広告は審査までに時間が掛かることがあるので、ステータスの部分が「審査」となっている場合は数日待ってみてください。あまりにも遅い場合は問い合わせてみてもよいでしょう。

4 YDNを利用する方法

YDN（Yahoo!ディスプレイアドネットワーク）はYahoo!広告から利用を開始します。

Yahoo! JAPANビジネスIDのアカウントでログインをします。するとダッシュボードが表示されるので、ここからディスプレイ広告を選択して作成します。

YDNを適切に運用するためには、P43以降と同様の要領でディスプレイ広告用のコンバージョン測定タグとウェブサイトにサイトジェネラルタグを貼り付けておく必要があります。また、サイトリターゲティング機能を利用する場合は、さらに「サイトジェネラルタグ・サイトリターゲティングタグ」も必要です（P113）。

1 Yahoo!ビジネスマネージャーのログイン画面から（https://login.bizmanager.yahoo.co.jp/login）Yahoo! JAPANビジネスIDでログイン

2 ログインするとダッシュボードが表示される

3 ディスプレイ広告を選択

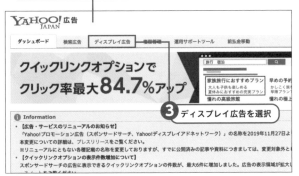

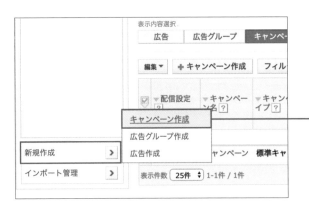

4 「キャンペーンの管理」から左のサブメニューの「新規作成」→「キャンペーン作成」を選択

□ キャンペーンを作成

　まずはキャンペーンタイプを選択します。今回はウェブページ
へ誘導する想定で「標準キャンペーン」を選択します。「アプリ
キャンペーン」はアプリをインストールさせたい広告等に向いてい
ます。

キャンペーン作成

キャンペーンは、1つ以上の広告グループで構成され、キャンペーンごとに予算、スケジュールなどを設定できます。
以下の項目を入力し、[保存して広告グループ作成へ]ボタンを押してください。
*印は入力必須項目です。

⑤ 各項目を設定してキャンペーンを作成

基本情報

キャンペーンタイプ* [?]　● 標準キャンペーン
　　　　　　　　　　　○ アプリキャンペーン

広告掲載方式* [?]　● ターゲティング
　　　　　　　　　　ターゲティングしたユーザーに対して広告を表示する広告掲載方式です。
　　　　　　　　　○ インフィード広告
　　　　　　　　　　スマートデバイスに最適化されたYahoo! JAPANのトップページをはじめ、タイムライン形式のページに広告を表示する広告掲載方式です。
　　　　　　　　　　広告掲載面のデザインにあわせて、広告のレイアウトを最適化して表示します。

キャンペーン名* [?]　**キャンペーン**　　　　　　　18/128

1日の予算 [?]　● 設定しない
　　　　　　　○ 設定する

入札方法* [?]　● 手動入札
　　　　　　　　自動入札（コンバージョン最適化）
　　　　　　　　このキャンペーンは十分なコンバージョン実績が蓄積されていないためコンバージョンの最適化が設定できません。設定するには、過去30日間に15件以上のコンバージョン実績が
　　　　　　　　詳細はこちらをご覧ください。

詳細設定

スケジュール設定 [?]　⊞ オプション設定

フリークエンシーキャップ [?]　⊞ オプション設定

⑥ 「保存して広告グループ作成へ」をクリック

　　保存して広告グループ作成へ　　キャンセル

● **広告掲載方式**：ターゲティングを選択すると、アプローチした
いターゲットユーザーへ広告を表示させることが可能です。

● **キャンペーン名**：キャンペーンの名前を入力します。

● **1日の予算**：設定すると、入力した金額に近付くように広告の
表示・非表示を自動的に行います。なお日額予算は、100円以
上から1円単位で設定できます。実際のコストは設定した予算
額に満たない場合や超過する場合があるので注意しましょう。

● **入札方法**：デフォルトの設定では「手動入札」になっており、自
分で設定した広告グループの入札価格が適用されます。「自動
入札」は設定したコンバージョン単価の目標値に近づくように、
入札価格が自動で調整されます。なお、自動入札を設定するに
は過去30日間に15件以上のコンバージョン実績が必要です。

- **スケジュール設定**：開始日と終了日を選択することができます。一時的なキャンペーンの場合は設定しておきましょう。

- **フリークエンシーキャップ**：一定期間内に同一ユーザーに広告を表示する回数を制限します。特に制限する必要がない場合にはデフォルトの「設定しない」を選択します。

続けて広告グループの設定を行います。入札価格を広告グループ単位で変えたい場合はここで設定可能です。以降ではおもにターゲティングに関する設定について解説します。

参考URL

Yahoo!広告「キャンペーンの作成」
https://ads-help.yahoo.co.jp/yahooads/ydn/articledetail?lan=ja&aid=1263

☐ ターゲティングの設定

ターゲティング設定では配信の対象となるユーザーやコンテンツを絞り込む設定を行います。
まずはユーザー属性の設定で性別と年齢を設定します。

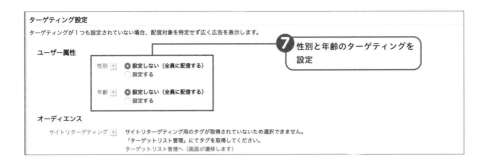

☐ オーディエンスの設定

- **サイトリターゲティング**：過去に自社のサイトを訪問したことのあるユーザーに対して広告を配信します。広告配信の対象は既存のターゲットリストから設定します。「ターゲットリスト管理」を設定しないと使用できないので注意が必要です。

- **サーチキーワード**：「設定する」を選択すると、「サーチキーワードリスト」で作成したキーワードを検索したユーザーを広告配信のターゲットに設定できます。「サーチキーワードリスト」は事前に作成する必要があるので、その場合は「サーチキーワードリスト管理へ」をクリックして登録しましょう。

- **インタレストカテゴリー**：閲覧したウェブサイトなどからユーザーの興味・関心を解析して、カテゴリー別に広告を配信することが可能です。

ターゲットリストの詳しい作成方法は以下のURLを参考にしてください。

Yahoo!広告ヘルプ「ターゲットリストの作成とコピー」
https://ads-help.yahoo.co.jp/yahooads/ss/articledetail?lan=ja&aid=7322

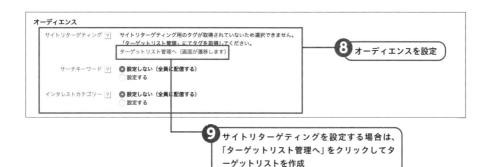

8 オーディエンスを設定

9 サイトリターゲティングを設定する場合は、
「ターゲットリスト管理へ」をクリックしてター
ゲットリストを作成

10 「ターゲットリスト」を設定

サイトリターゲティング機能を
利用する場合は、「タグ表示」の
リンクをクリックし、「サイトジ
ェネラルタグ・サイトリターゲ
ティングタグ」をウェブサイトの
すべてのページに貼り付けます。
貼り付ける位置は説明文に従い
ましょう。また、ウェブサイト
のプライバシーポリシーに明記
しておかなくてはならない事項
も表示されるので、あわせて追
記しましょう。

■ コンテンツの設定

● **サイトカテゴリー**：広告を配信するサイトをカテゴリーで選択
できます。特定カテゴリーのサイトに広告を配信したい場合は
「設定する」を選択し、カテゴリー一覧からカテゴリーを指定し
ます。大きいカテゴリー項目は「ニュース、情報系」「ソーシャ
ルサービス」「電子メール、ストレージ」「エンターテイメント」
「専門サイト［サービス］」「専門サイト［製品、物販］」「専門サイ
ト［その他］」があります。

● **プレイスメントターゲティング**：広告を配信する、または配信
対象外とするウェブサイトをURLで指定できます。事前にプレ
イスメントリスト管理画面から、広告の配信対象（または配信
対象外）とするウェブサイトのリスト（プレイスメントリスト）
を作成し、設定することが可能です。

11 コンテンツを設定

□ 地域の設定

設定したい地域を選択し、「配信する」「一部に配信する」「配信しない」を選択することが可能です。地域限定のサービスでは設定することによって無駄なクリック数を抑えることができます。なお、Yahoo!広告は日本のみの配信となります。

□ 曜日・時間帯の設定

曜日・時間帯の設定では通勤時間帯に配信をしたり、特定の曜日のみを配信したりすることが可能です。

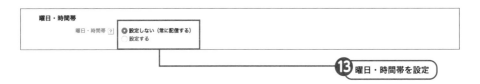

□ デバイスの設定

デバイスの設定では「PC」「スマートフォン、タブレット」を設定することができます。また、OSやキャリアの設定も可能です。すべての設定を終えたら次の画面に進みます。

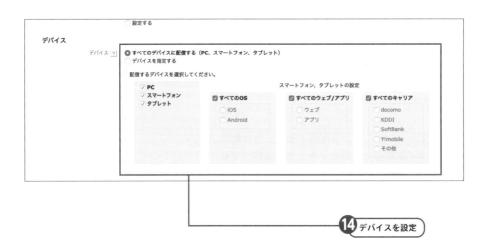

続けて広告の設定を行います。広告のクリエイティブ単位で配信や入札価格の設定を行うこともできます。

□ 基本情報
□ 基本情報
　広告の配信に関する基本的な情報が掲載されています。ここで配信設定と掲載フォーマットを設定します。

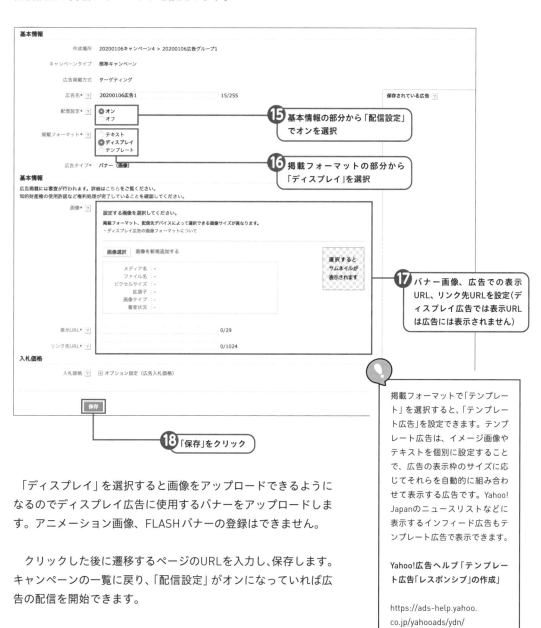

　「ディスプレイ」を選択すると画像をアップロードできるようになるのでディスプレイ広告に使用するバナーをアップロードします。アニメーション画像、FLASHバナーの登録はできません。

　クリックした後に遷移するページのURLを入力し、保存します。キャンペーンの一覧に戻り、「配信設定」がオンになっていれば広告の配信を開始できます。

掲載フォーマットで「テンプレート」を選択すると、「テンプレート広告」を設定できます。テンプレート広告は、イメージ画像やテキストを個別に設定することで、広告の表示枠のサイズに応じてそれらを自動的に組み合わせて表示する広告です。Yahoo! Japanのニュースリストなどに表示するインフィード広告もテンプレート広告で表示できます。

Yahoo!広告ヘルプ「テンプレート広告「レスポンシブ」の作成」

https://ads-help.yahoo.co.jp/yahooads/ydn/articledetail?lan=ja&aid=5761

section
03

アナリティクスによる測定

中古車販売なら
おまかせください!!

Google広告は、Googleアナリティクスとアカウントをリンクさせることで、Googleアナリティクス上で詳細なアクセス解析が可能です。また、Yahoo!広告についても、広告に設定するURLにパラメータを付与することで、Googleアナリティクス上での解析が可能になります。

GDNの測定方法

　Google広告では、詳細なアクセス解析をGoogleアナリティクス上で行うことができます。アカウントをリンクさせることで、配信したディスプレイ広告のクリック数や直帰率、サイトのコンバージョンなどのデータをGoogleアナリティクスの管理画面上で確認できるようになります。

　ディスプレイ広告で配信した広告経由でウェブサイトに訪れたユーザーの直帰率や滞在時間など、Google広告の管理画面からでは見えなかったデータを確認できるため、広告やウェブサイトの改善に役立ちます。

GDNの広告管理画面での結果の確認方法については、P46で解説しているリスティング広告の場合と同様です。表示回数やクリック率などは広告の管理画面から確認できます。

1 Googleアナリティクスにアカウントにリンクする

　GoogleアナリティクスとGoogle広告アカウントをリンクさせて連携できるように設定します。Googleアナリティクス側からリンクさせる方法もありますが、ここではGoogle広告の管理画面からリンクさせる方法を紹介します。

　Google広告の管理画面にログインして、次のような操作を行ってください。

Google広告のアカウントに紐付いたGoogleアカウントに、Googleアナリティクスのプロパティを設定できる権限を与えておく必要があります。ない場合はGoogleアナリティクスのアカウントの管理者に権限を与えてもらいましょう。

① 「ツールと設定」をクリック

② 「設定」の「リンク アカウント」を選択

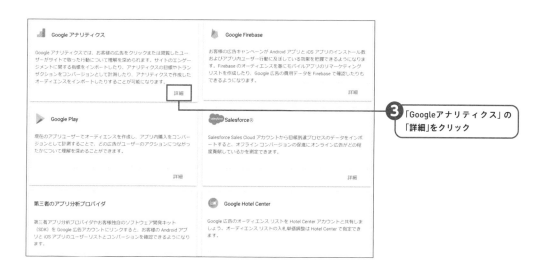

③ 「Googleアナリティクス」の「詳細」をクリック

④ Googleアカウントに紐付いたGoogleアナリティクスの情報が表示されるのでリンクする「アナリティクス プロパティ」を確認

アナリティクスのプロパティ	ステータス	ビュー	目標	オーディエンス	アクション	アカウント
test UA-00000000-0	リンクされていません				リンク	

⑤ ステータスは「リンクされていません」となっている

⑥ 「リンク」をクリック

test

このプロパティにリンクするには、Google 広告にリンクするビューを選択してください。1つのビューからサイトの指標をインポートすることもできます。

ビュー	リンク	サイトに関する指標をインポ
すべてのウェブサイトのデータ		

キャンセル　保存

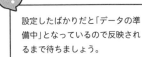

7 「〜Google 広告にリンクするビューを選択してください。〜」と表示されるので、「リンク」と「サイトに関する指標をインポートする」をオンにする

設定したばかりだと「データの準備中」となっているので反映されるまで待ちましょう。

保存をクリックすると、ステータスが「リンク済み」に変更されています。Google アナリティクスにログインして確認してみましょう。

Googleアナリティクスの見方

Google アナリティクスでは「集客」>「Google 広告」でデータを確認することができます。また、配信したディスプレイ広告をクリックするとウェブサイトにアクセスしたユーザーの行動に関する指標を確認できます。

確認できる項目は「キャンペーン」「ツリーマップ」「サイトリンク」「入札単価調整」「キーワード」「検索語句」「時間帯」「最終ページURL」「ディスプレイターゲット」「動画キャンペーン」「ショッピングキャンペーン」です。

「キャンペーン」レポートでは、設定したコンバージョンのデータを確認することができます **01** 。ツリーマップではウェブサイトに訪れたユーザーがその後、どういう行動をとったかを確認することができます。

01 Googleアナリティクス「キャンペーン」画面

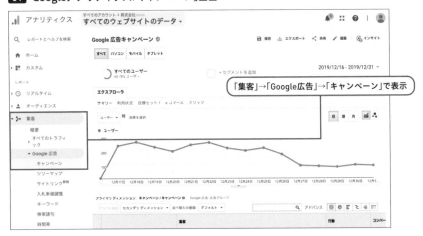

1 スマートゴールの設定

　スマートゴールとは、ウェブサイトのセッションに関する複数のシグナルを元にAIで分析し、コンバージョンにつながる可能性が高いセッションを識別して提示してくれる機能です。スマートゴールで分析される要素としては、セッション継続時間、セッションあたりの閲覧ページ数、地域、デバイス、ブラウザなどがあります。Google アナリティクスでスマートゴールを有効にすると、スマートゴールを使用したGoogle 広告の掲載最適化が可能になります。スマートゴールの設定は、Googleアナリティクスの画面から行います。

スマートゴールは、Google広告の仕組みに詳しくない広告主でも、簡単に成果を把握して最適なコンバージョンを得られるようにするための機能です。これを設定すると、ウェブサイトにトラッキングコードを埋め込まなくても、サイトの成果をAIが予測してくれます。

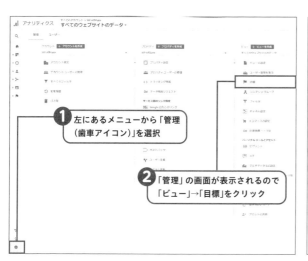

❶ 左にあるメニューから「管理（歯車アイコン）」を選択

❷ 「管理」の画面が表示されるので「ビュー」→「目標」をクリック

❸ 「新しい目標」をクリック

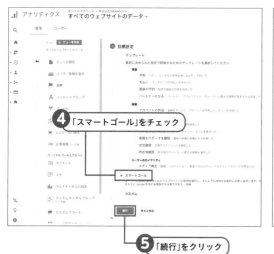

❹ 「スマートゴール」をチェック

❺ 「続行」をクリック

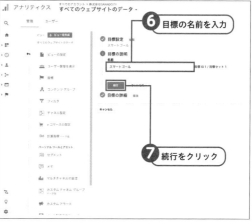

❻ 目標の名前を入力

❼ 続行をクリック

section

03

アナリティクスによる測定

119

スマートゴールの設定は以下に挙げる3つの条件をクリアしている必要があります。もしスマートゴールが使用できない場合は、P21にある手順に沿ってコンバージョンタグを設定してください。

・GoogleアナリティクスとGoogle広告のアカウントがリンクしている
・過去30月間、Google広告のクリックにより発生したセッション数が500以上
・アナリティクスのレポートに表示されるセッション数が30日間で1000万件以下

アナリティクスヘルプ「スマートゴール」
https://support.google.com/analytics/answer/6153083?hl=ja

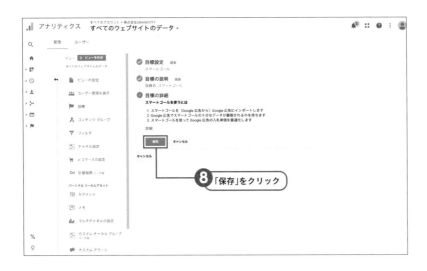

Googleアナリティクスでスマートゴールを設定した後にGoogle広告アカウントにログインします。ツールと設定から、測定の中のコンバージョンをクリックします。

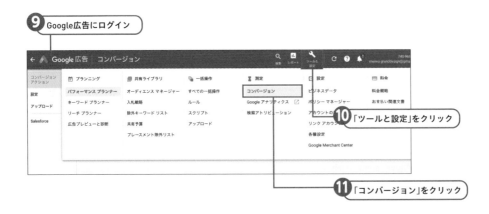

12 コンバージョンアクションから「+」をクリック

13 「インポート」をクリック

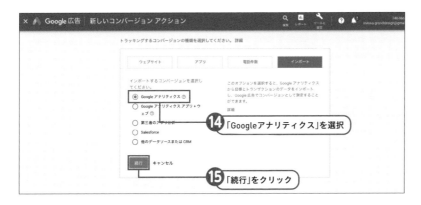

14 「Googleアナリティクス」を選択

15 「続行」をクリック

Google アナリティクスから読み込む目標とトランザクション
を選択し、「インポートして続行」をクリックします。

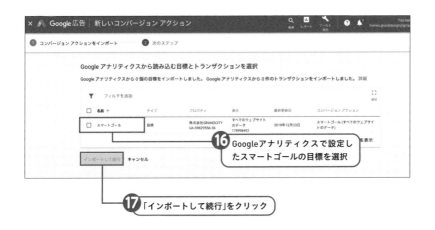

16 Googleアナリティクスで設定したスマートゴールの目標を選択

17 「インポートして続行」をクリック

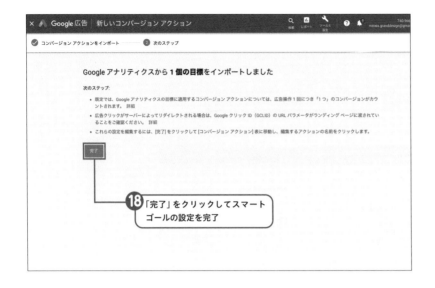

⑱「完了」をクリックしてスマート
ゴールの設定を完了

　以上で設定は完了です。スマートゴールを設定すると、AIが自動的にコンバージョンの最適化を実行してくれるようになります。

　Googleアナリティクスでは、様々な数値を確認できます。しかし、その数値をどう活かすのかについては、慣れないうちはわからない人も多いことでしょう。そのような場合には、このスマートゴールの機能を利用してみてください。

YDNの測定方法

　Googleアナリティクスでは、Yahoo!広告で配信したディスプレイ広告からのウェブサイトへのアクセスを識別して確認できます。

　ただし、そのためにはYahoo!広告で設定する「リンク先URL」の末尾にカスタムパラメーターを付けておく必要があります。カスタムパラメーターによってキャンペーンや広告のリンク単位での識別が可能になります。

YDNの広告管理画面での結果の確認方法については、P47で解説しているリスティング広告の場合と同様です。インプレッション数(表示回数)やクリック率などは広告の管理画面から確認できます。

1 カスタムパラメーターを付与したURLを作成

　YDNの広告作成・編集からリンク先URLに指定しているURLに？から始まるカスタムパラメーターを付けてみましょう。複数つける場合は「&」でつなげることができます。

カスタムパラメータの例

```
https://www.example.com/?utm_source=ydn&
utm_medium=display&utm_campaign=ads-01
```

　このカスタムパラメーターは次のような構造になっています。

utm_source=ydn	参照元をydnに設定
utm_medium=display	メディア・媒体をディスプレイに設定
utm_campaign=ads-01	YDNで設定したキャンペーン名の設定

　このように組み合わせることによってGoogleアナリティクスでの効果測定に正しい情報が掲載されます。URLに追加できるパラメーターは以下の5種類です。

- utm_source：プロパティにトラフィックを誘導した広告主、サイト、出版物、その他を識別します（Google、ニュースレター、屋外広告など）。

- utm_medium：広告メディアやマーケティング メディアを識別します（CPC広告、バナー、メール ニュースレターなど）。

- utm_campaign：商品のキャンペーン名、テーマ、プロモーション コードなどを指定します。

- utm_term：リスティング広告向けのキーワードを特定します。広告キャンペーンにタグを設定する場合は、utm_term を使用してキーワードを指定することができます（省略可）。

- utm_content：似通ったコンテンツや同じ広告内のリンクを区別するために使用します。たとえば、同じキャンペーンのなかで、2種類のバナー広告で集計を分けたい時は「&utm_content=Ad01」と「&utm_content=Ad02」でパラメーターを分けます（省略可）。

　なお、パラメーターを追加したURLを生成してくれるツールもあります **02** （次ページ）。

カスタムパラメーター

URLの最後に付けることによって流入元の分析をするための補足情報のこと。

カスタムパラメーターの詳細については以下のURLを参考にしてください。

アナリティクスヘルプ「カスタムURL でキャンペーン データを収集する」
https://support.google.com/
analytics/answer/
1033863#parameters

参考URL

アナリティクスヘルプ「URL生成
ツール」
https://support.google.com/
analytics/answer/1033867?hl=ja

Campaign URL Builder（https://ga-dev-tools.appspot.com/campaign-url-builder/）

2 作成したURLをYahoo!広告の管理画面で設定

　パラメーターを付けたURLを作成したら、ダッシュボードか
らキャンペーン名をクリックして広告グループを選択します。広
告グループから編集したい広告をクリックすると広告編集画面が
表示されるので、リンク先URLを変更します。

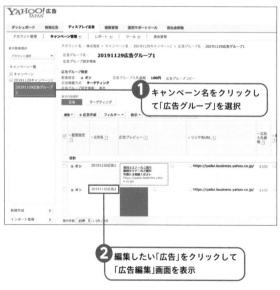

① キャンペーン名をクリックして「広告グループ」を選択

② 編集したい「広告」をクリックして「広告編集」画面を表示

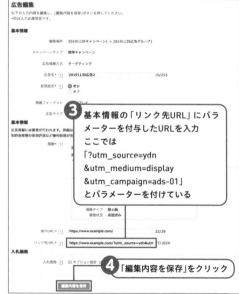

③ 基本情報の「リンク先URL」にパラメーターを付与したURLを入力
ここでは
「?utm_source=ydn
&utm_medium=display
&utm_campaign=ads-01」
とパラメーターを付けている

④ 「編集内容を保存」をクリック

設定が完了したらGoogleアナリティクスの画面でYDNの結果
が取り込めているかを確認しましょう。

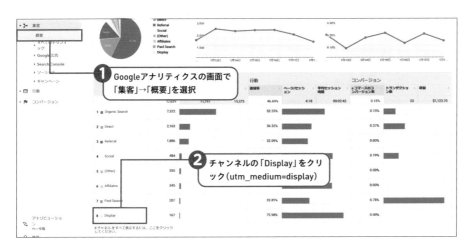

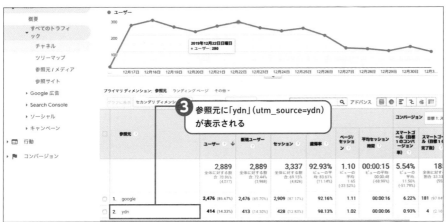

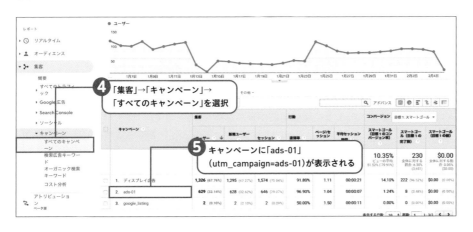

section
04 ディスプレイ広告のKPIと改善策

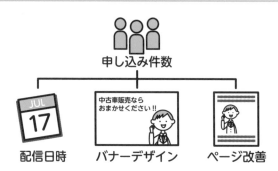

申し込み件数

配信日時　バナーデザイン　ページ改善

本CHAPTERの最後に、ディスプレイ広告の成果を評価するために必要な目標とKPIの設定についてまとめておきます。ディスプレイ広告で解決したい課題はケースバイケースなので、まずはどこに課題があるのかから整理する必要があります。

ディスプレイ広告が適しているかを判断する

　ディスプレイ広告はウェブサイトやアプリに表示されるバナー広告なので、まずは掲載される場所を確認しましょう。もし、最適なメディアがあったとしても、バナー広告を掲載するスペースがない場合（もしくは埋まっている場合）は出稿自体ができなくなります。

　次に、自社の商品やサービスがディスプレイ広告に適しているのかを判断しましょう。商品やサービスによっては、ディスプレイ広告よりもリスティング広告やSNS広告、YouTube広告などの方が効果が高い場合があります。

　本CHAPTERの冒頭でも述べたように、ディスプレイ広告は画像や動画による潜在顧客へのアプローチが得意な広告です。そのため検討期間が長い商材で効果が期待できます。

　例えば、今すぐに必要ではないものの、気になっていて過去に検索したことがある商品があったとします。通勤中や休憩中にウェブサイトを見ている際に、その商品のバナー広告が表示されると、アクセスして確認したくなります。価格の高い商品や継続的に使い続けるLTVの高い商品は、このように検討期間が長くなる傾向が強いようです。

　一方、検討期間が短く、緊急性が高い商品やサービスには向いていません。それらは、キーワードで検索する際に表示されるリスティング広告や、短期間での拡散が期待できるSNS広告の方が適していると言えるでしょう。

LTV
(Life Time Value)

顧客が、企業と取引を開始してから終了するまでの期間で、その企業の商品やサービスをどれだけ購入したのかを算出したもの。

KGIを設定

　続いて、ディスプレイ広告で自社のウェブサイトに誘導したうえで、具体的になにをしたいのかを固めておく必要があります。ウェブサイトで達成したい目標は「アクセス数を伸ばす」、「資料請求の件数を上げる」など様々です。このような目標をKGIと呼びますが、このKGIを達成するためには、バナー広告のインプレッション数やクリック率、ウェブサイトのコンバージョン率といったKGIを構成する指標を設定し、計測してそれぞれの改善を重ねていく必要があります。このような指標のことをKPIといいます **01**。

KGI

Key Goal Indicatorの略で、日本語では「重要目標達成指標」と呼ぶ。KPI（P50）との関係でいうと、「目標」と「目標の達成度を測るための指標」という枠組みで考える際に前者をKGI、後者をKPIと呼び分ける。

01 KGIを達成するためにKPIを設定する

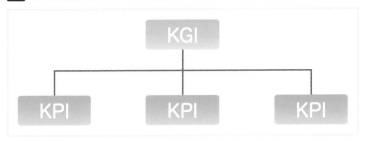

KPIの設定と改善

　KGIを達成するためには、どのような要素をKPIとして改善していけばいいかを考えていきます。例えば、「ウェブサイトからのセミナー申し込み件数を増やしたい」をKGIとして設定するのであれば、KPIとして最初に考えられるのは広告からのアクセス数やクリック率です。これらを改善するためにまず、日々の数値を常に確認する習慣をもちましょう。

　そのうえで、なにに注目してどのような改善策を立ていくとよいか、いくつか例を見てみます。

● 曜日や時間ごとのアクセス変化を把握しよう

　「どの曜日のどの時間でアクセスに変化があるのか」の確認は非常に重要です。ディスプレイ広告の設定で、アクセスが少ない時間や曜日は配信を止め、アクセスが多い時間だけ配信するようにするとよいでしょう。欲しいものを検索するのはどのタイミングか、自分だけでなく他の人の意見も聞きながら仮説立てしていくのも大切です。「ほとんどのサラリーマンが通勤電車でスマートフォンを見ている」などの状況が思い浮かべば、その時間帯にターゲットを絞って配信するのもよいでしょう。

● ユーザーの年齢層と性別の比率を把握しよう

　続いて、ユーザーの確認をしてどの年齢層が一番多く、性別は男性・女性のどちらが多いかを確認しましょう。自社の商品やサービスが狙ったターゲットに見てもらえているかの確認はもちろんですが、「このサービスは実は20代の関心を惹いていた」などと新たな気付きが見つかることもあります。

　ユーザーの性別や年齢層がわかれば、ディスプレイ広告のデザインも変わってきます。フォントの大きさ、商品やサービスのキャッチコピー、写真、イラストなど、ユーザーに好まれるデザインに改善できればクリック率も大きく変わってきます。

　具体的な例として2つのバナーデザインを見てみましょう **02**。左右のデザインで、どちらが男性向けでどちらが女性向けになっていると感じるでしょうか？

　おそらく、多くの人は左の「青色で明朝体フォントを使ったバナー」は男性をターゲットに、右の「ピンク色で細く丸いフォントを使っているバナー」は女性をターゲットにしていると感じるでしょう。男性は、ピンク色のバナーを見た時に「自分はターゲットではない」と判断して見逃してしまう可能性が高くなります。ターゲットのユーザーに的確にアプローチするためには年齢・性別・職業などを把握して、それに合ったデザインで制作する必要があるのです。

02 ターゲットユーザーに適したデザインバナーの例

● デバイスの状況を把握しよう

　一般的に、BtoBの商材の場合は比較的PCから閲覧されるケースが多いですが、BtoCではスマートフォンから閲覧されるケースが多くなっています。

　スマートフォンからの閲覧が多いのであれば、「配信する広告バナーはスマートフォンの画面サイズでも見やすいものになっているか」、「アクセス先となるウェブサイトはスマートフォンに最適化されているか」、「コンテンツの内容はわかりやすく設計されているか」などを検証する必要があります。

　例えば、KGIを「個人向けセミナーの申し込み件数を増やす」と設定した場合は、次の項目もチェックしておきましょう。

● スマートフォンサイトで見やすいディスプレイ広告か
● 自社ページに来訪したユーザーが適切に情報を取得できているか
● アクセスしたユーザーが申し込みフォームのボタンを押しているか
● フォームが完了画面に移行しているか

　なお、Googleアナリティクスではディスプレイ広告を配信した後、ユーザーがウェブページにアクセスした時、どういう行動をとったのかを「行動フロー」で確認できます 03 。

03 Googleアナリティクス「行動フロー」

これまで述べてきた「セミナーの申し込み件数を増やしたい」という KGI に対する KPI とその改善例についてまとめると、次のようになります。

□KPIとその改善施策

● **インプレッション数**
- ・アクセスが多い時間・曜日に配信してみる
- ・入札単価を上げてみる

● **クリック率**
- ・アクセスが多いユーザーの年齢・性別にデザインを合わせる

● **コンバージョン率**
- ・スマートフォンサイトを見やすくする
- ・フォームを使いやすくする

もちろん、これはあくまでも一例です。ユーザー層や商品、同じセミナーでもテーマによって改善策は変わります。

もう一つ、目標が「売上向上」となっている例を見てみましょう。これは家具の販売会社が「自社ECサイトで新生活を始める人をターゲットとした売上の向上」をKGIに設定した場合、ディスプレイ広告も含めた次のような施策が考えられます。

□KPIとその改善施策

● **アクセス数**
- ・ディスプレイ広告のターゲットへの最適化
- ・SNSに新生活の家具を写真で投稿してサイトに流入させる
- ・メルマガで会員向けの情報を発信する

● **コンバージョン率**
- ・スマートフォンサイトを見やすくする
- ・商品購入までのカート機能を使いやすくする

● **購入単価**
- ・商品のセット販売を強化する
- ・商品価格を見なおす

何をすべきかを具体的に可視化できればチームメンバーの意思統一が図りやすくなります。KPIの改善はうまくいっても、KGIが達成できなかった場合、ボトルネックになっているところを探したり、KPI自体の見なおしを考えます。

課題解決のきっかけをつかむためにも、KGIとともにKPIも設定し、日々の確認と改善を怠らないようにしましょう。

コンバージョン率には、セミナーの開催内容や開催日時も関わってきます。とくにコンバージョン率のような多くの要素が関わってくる指標については、ウェブサイト以外の面にも改善の目を向ける姿勢が必要です。

ECサイトでの売上向上は、次のような公式で考えるとわかりやすいでしょう。

アクセス数×コンバージョン率×購入単価

これら3つの数字を上げることで、売上を伸ばせると考えられます。

YouTube広告

section 01 YouTube広告の種類について

2020年時点で、いちばん多く動画広告が流れているのは紛れもなくYouTubeです。1日の総再生時間は約10億時間。多くの人が動画を見るYouTubeですが、どんな動画広告を流すことができるのでしょうか？
ここではYouTubeの動画広告の概要を見ていきましょう。

目的に合わせた6つの広告フォーマット

　YouTubeには広告の目的に合わせた6つの動画広告が用意されています。それぞれについて簡単に紹介しましょう。

● スキップ可能なインストリーム広告

　「スキップ可能なインストリーム広告」は5秒経つとスキップすることができる、視聴動画の前に流れる動画広告です **01**。一般的に15秒ぐらいの動画という認識がありますが、実は時間制限はありません。

01 インストリーム広告

左：PC画面
右：スマートフォン画面

● スキップ不可のインストリーム広告

「スキップ不可のインストリーム広告」は、スキップができず強制的に動画を視聴させる最大15秒の動画広告です。以前は一部のクライアントのみが利用できましたが、現在は誰でも配信することが可能となりました。

● TrueView ディスカバリー広告

TrueView ディスカバリー広告は、YouTube 内の検索結果や関連動画に候補として出せる動画広告です。インストリーム広告とは異なり、ディスプレイ領域をクリックすることで動画広告が再生されます **02** 。

02 TrueView ディスカバリー広告

左：PC画面　右：スマートフォン画面

● アウトストリーム広告

アウトストリーム広告は、モバイルやタブレットユーザー専用の動画広告です。YouTube 以外のウェブサイトやアプリに動画広告を配信することができます **03** 。

03 アウトストリーム広告

マンガアプリ（マンガBANG!）で再生された動画広告

● バンパー広告

　バンパー広告は6秒のスキップできない動画広告フォーマットです。短くシンプルなメッセージを配信できるので認知度向上に貢献できます **04** 。

04 バンパー広告

バンパー広告
（アシアナ航空）

● YouTube マストヘッド広告

　マストヘッド広告はYouTubeのトップページに表示される広告です。膨大なPVを誇るYouTubeのトップに広告を出すことで多くのユーザーにリーチできます **05**。

05 YouTube マストヘッド広告

YouTubeマストヘッド広告
上：PC画面
下：スマートフォン画面

　YouTubeの広告にはこれらの動画広告フォーマットがあります。広告の目的で「認知」「比較検討」「行動」を選択すると、得られる広告効果も変わってきます。次セクションでシチュエーションにあった組み合わせ方を解説していきます。

section

02

動画フォーマットを選ぶ前に
KPIを定める

PLAY

VIEW

CLICK

動画広告を配信する際に決めなければならないのが、広告の目的です。認知を拡大したいのか？　興味関心を引き上げたいのか？　もしくは商品を購入してもらいたいのか？　を明確にします。ここでは目的別の動画フォーマットとそれに付随するKPIについて解説していきます。

認知拡大を図る場合のおすすめは「バンパー広告」

現在のYouTubeで認知拡大にもっともおすすめの動画フォーマットは、スキップできない「バンパー広告」 **01** です。バンパー広告で表示されるのは6秒という短い動画です。しかし、スキップされることがないので最後まで確実に見てもらえます。

Googleでは、バンパー広告の効果を以下のように発表しています。

① 87%のバンパー広告で広告想起が大幅に上昇、全バンパー広告キャンペーンで見ると平均20%以上も広告想起が上昇。

② 10件中6件のバンパー広告キャンペーンでブランド認知度が飛躍的に高まり、全キャンペーンで見ると平均10%もブランド認知度が上昇。

このように、バンパー広告を行うことで広告効果が上がり、認知度も高めていけます。

● KPIその1：平均表示頻度は1人あたり3回以上

認知度の向上が期待できるとしても、6秒の動画を1回見ただけではあまり効果は期待できません。では、何回広告を見てもらえれば効果が出るのでしょう。

答えは、少なくとも3回以上見てもらうことです。

参考URL

Google広告ヘルプ コミュニティ「TrueView リーチの導入で、関心層へのリーチ拡大が可能に」

https://support.google.com/google-ads/thread/4652413?hl=ja

01 バンパー広告の例（スマートフォン）

12月14日(土) 15日(日)

宮崎北店

新富町
西都市妻

モデルハウス見学会を開催

動画は広告の後に
再生されます

株式
会社 丸商建設

広告・0:04

参考：株式会社丸商建設のYouTubeバンパー広告

Googleの実験ではバンパー広告を3回以上見た消費者の広告
想起は、1回だけの場合と比べて2.2倍となったと報告されてい
ます。そこで、1人につき3回以上見てもらえることを目標にす
るとよいでしょう。Google広告には平均表示頻度という指標が
あるので、その項目で1人あたり何回広告が出ているのか確認で
きます **02**。短い動画でも複数回接触させることで認知度が高ま
るので、広告セッティング時の参考にしてください。

Google広告における平均表示頻
度の詳細については以下のURL
を参考にしてください。

**Google広告ヘルプ「動画広告の
指標とレポートについて」**

https://support.google.com/
google-ads/answer/
2375431?hl=ja

02 Google広告の管理画面における「平均表示頻度」

			予算	ステ↓	平均表示頻度 （ユーザーあたり）	クリック数	クリック率
☐ ● ▣			¥3,0...	保留	−	0	−
☐ ● ▣			¥5,00... 2019年...	終了	4.2	18	0.26%
☐ ● ▣			¥2,50... 2019年...	終了	3.6	14	0.45%
☐ ● ▣			¥2,50... 2019年...	終了	5	8	0.18%
☐ ● ▣			¥7,50... 2019年...	終了	5.3	30	0.23%
☐ ● ▣			¥2,50... 2019年...	終了	3.6	12	0.35%
☐ ● ▣			¥5,00... 2019年...	終了	2.2	13	0.16%

● KPIその2：表示回数を多く出す

　バンパー広告はインプレッション単価（1,000表示あたりの費用）が通常のインストリーム広告より25%〜40%ほど低いので、より多くのユーザーに広告を配信することができます。

　ここで注意したいことが1点あります。「安く抑えるためにお金を掛けない」という判断をすると、広告としての意味をなさなくなってしまいます。

　バンパー広告の目的は「多くの人に知ってもらうこと」です。お金を掛けたくないからと少ない表示回数にしてしまうと、接触回数が減り、認知度は上がりません。これでは、そもそもの目的と矛盾してしまいます。バンパー広告は、情報量が少ない動画フォーマットだからこそ、表示回数を多く出すことが重要になります。

> **ポイント** 指標としてはターゲットユーザー×3（5万人なら15万回の表示）以上は配信する

興味関心層にアピールするなら2つの「TrueView」広告が有効

　商品やサービスに興味関心を抱く人を増やしていくなら5秒後にスキップ可能となる「TrueView インストリーム」 **03** やトップ画面や検索項目などで表示される「TrueView ディスカバリー」 **04** がマッチします。この2つのフォーマットはYouTube広告が始まった頃から存在する信頼ある動画広告です。

● TrueViewインストリームのKPIは「視聴率」

　TrueView インストリームは一般的に15秒以上の長さでスキップできる動画広告のことを言います。

　テレビCMに近いフォーマットなのでYouTube上で多く使用されていますが、5秒経つとスキップできてしまうのが難点です。興味をひかない動画であればすぐスキップされ、見てもらうことすらできません。そして、見てもらえなければ興味を駆り立てることもできません。

　そのため、TrueView インストリーム動画広告のKPIで重要なのは視聴率になります。YouTube広告の視聴率は「全体の表示回数に対しての視聴回数」が指標となります。

- 100人中100人が最後まで動画広告を見てくれた＝視聴率100%
- 100人中30人が最後まで動画広告を見てくれた＝視聴率30%

表示回数＝表示された回数
視聴回数＝動画が最後まで見られた回数（もしくは動画途中で商品リンクをクリックしたユーザーなど）

この視聴率が高ければ興味関心が高まっており、低ければ効果が薄いと考えます。

ポイント **成果ラインとしては最低でも10%の視聴率が必要（それを下回ると動画広告で興味関心を取れていないと判断してください）**

03 TrueView インストリーム（スマートフォン）

TrueView インストリームは5秒後にスキップ可能

● TrueView ディスカバリーのKPIは「クリック率」

　TrueView ディスカバリー広告は、YouTube内の検索結果や関連動画に候補として出せる動画広告です。一見するとディスプレイ広告に似ていますが、クリックすると動画広告が再生される点が異なります。クリックしてもらう必要があるので、KPIは必然的に「クリック」となります。ただし、注意点があります。

04 TrueView ディスカバリー（スマートフォン）

TrueView ディスカバリーはディスプレイ広告に類似

　TrueView ディスカバリー広告では、表示回数と視聴回数は以下のようになっています。

●ディスカバリー広告が表示された数＝表示回数
●ディスカバリー広告がクリックされた数＝視聴回数

　そのため、「TrueView インストリーム」などと比べると、視聴率が1％や2％など、極端に低い数字で表されてしまいます **05** 。しかし、クリック率として見れば、1％を超えていれば上出来となります。

ポイント **Google広告上は視聴率＝クリック率**

05 TrueView ディスカバリー（スマートフォン）

			キャンペーン		予算	ステー	↓ 表示回数	視聴回数	視聴率
☐	●								
☐	●	▶		_trueview	¥250, 2019年	有効	487,119	98,941	20.31%
☐	◉	▶		_discovery	¥25,0 2019年	一時停 止	212,566	2,455	1.15%
☐	●	▶		trueview_日別	¥10,	有効	10,644	1,651	15.51%
☐	◉	▶			¥6,0	一時停 止	0	0	―

TrueView ディスカバリーはディスプレイ広告に類似

コンバージョン（CV）を獲りたいなら「TrueView アクション」

　TrueView アクションは、CVの促進を目的としたTrueView動画広告です。見た目はインストリーム広告と変わらないのですが、「目的」がCVなので、より商品の購入または申し込みなどをするユーザーに対して広告を最適化していきます。

● 入札方式別の成果

　TrueView アクションには「目標コンバージョン単価」と「コンバージョン数の最大化」の2つの入札方式があり、それによって成果が変わります。「目標コンバージョン単価」は、1CVあたりの上限単価に合わせて広告が最適化されます。予算に対して目標CVが決まっている場合にお勧めです。「コンバージョン数の最大化」は、できるだけ多くのCVが取れるように最適化します。とにかく多くのCVを獲りたい場合にはこちらがお勧めです。

TrueView アクションのKPIはコンバージョン＆ビュースルーコンバージョン

　CVを目的とした動画フォーマットなので、KPIはもちろん「コンバージョン」となります。特に注目したいのが「ビュースルーコ

ンバージョン」 **06** です。

　ビュースルーコンバージョンとは「動画を見たけどその時は購入せず、後日別の経路から購入した」際のコンバージョンです。動画広告はこのビュースルーコンバージョンが多く出る傾向にあります。

① 動画広告で興味関心を駆り立てられる
② 欲求が駆り立てられた記憶が残る
③ 後日ディスプレイ広告が出てまた興味を深堀りされる
④ 購入を決断して検索広告から購入

　上記のように消費行動の起点となることが多いので、通常のコンバージョンよりビュースルーコンバージョンの方が多くなります。この2つのコンバージョンをKPIに定めて動画広告を設計することで、正しい検証ができます。

06 Google広告における「ビュースルーコンバージョン」の表示例

予算	ステー・	↓ 表示回数	視聴回数	コンバージョン	ビュースルー コンバージョン
¥ 250,... 2019年...	有効	487,375	99,021	23.00	35
¥ 25,0... 2019年...	一時停止	212,566	2,455	0.00	6
¥ 10,...	有効	10,645	1,651	5.00	5

　YouTube動画広告も広告・マーケティングの目的に合わせてフォーマットを選ぶ必要があります **07**。あなたのビジネス課題を明確にして動画広告を出稿してください。

07 目的別YouTube動画フォーマット

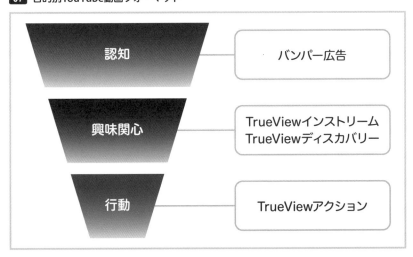

動画クリエイティブのポイント

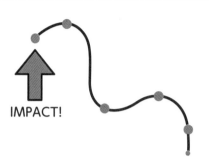

IMPACT!

動画広告の成否を分けるのは、結局のところ動画のクリエイティブです。動画自体にユーザーを魅了する力がなければ広告効果は期待できません。ここでは成果を出せるクリエイティブの作り方に触れていきます。

テレビCMとYouTube動画広告は別物

そもそもですがテレビとYouTubeでは視聴するユーザーの姿勢が違います。テレビを見る人は「Lean Back（後ろにもたれる）」という状態で動画を楽しみます **01**。テレビはタイムテーブルが決まっているので見たい動画を自分でコントロールできません。つまり、受け身の状態です。テレビ局が放送するプログラムを決めているのでユーザーは受動的になってしまいます。

ですがYouTubeは違います。スマートフォンやPCで見たい動画を「自分で決めます」。この視聴する姿勢を「Lean Forward（前のめり）」 **02** と言います。テレビはCMを見てもらう習慣ができていますが、YouTube動画広告は「見てもらえる」工夫が必要です。まずはそのことを念頭に置きましょう。

01 テレビは受け身の状態で視聴する（Lean Back）

ストーリーアークとABCDフレームワークで冒頭からクライマックスを作る

YouTube に限らずインターネット動画広告のほとんどがスキップもしくはスルーできるようになっています。つまり、ユーザーが見る見ないの選択を行うことができるのです。ユーザーは目当ての動画を見るために YouTube を訪れています。そして、引き込まれない動画は一発でスキップされてしまいます。そうならないように動画の冒頭から引き込まれる動画を作らなければいけません。ここでは、そのためのキーワードとしてストーリーアークと ABCD フレームワークを紹介します。

ストーリーアーク

1つのストーリーをいくつかのエピソード（イベント）を繋げて伝える手法。

● ストーリーアークを意識して作る

従来のテレビ CM は序盤緩やかに、中盤になるにつれて盛り上がる作り方が多いようです。しかし YouTube 動画広告では、動画の冒頭から引き込んでいくストーリーが必要です。ストーリーアークの考え方は、短いエピソードを連ねて1つのストーリーにするというものです。そしてエピソードの中に、それぞれ盛り上がるポイントがあります。これを繰り返すことで視聴者の興味を引き続けるようにするのです。

これを言い換えるのなら、スキップされないように作るということになります。そして1秒でも多く関心を引き続けて動画広告の効果を引き上げることが本質となります **03**。

例えば、動画広告を10万回流したときに平均視聴時間が5秒と10秒では広告接触時間は2倍違います。また、動画前半で離脱するユーザーが多い YouTube 動画広告では、5秒の壁を越えると視聴率が高くなる。といった傾向もあります。序盤から興味を引きつけ、その興味を持続させることが、高い効果を生み出すことにつながります。

section

03

動画クリエイティブのポイント

143

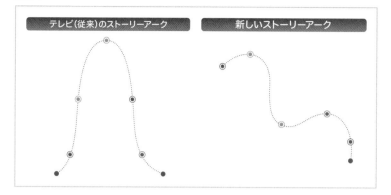

テレビ（従来）のストーリーアーク	新しいストーリーアーク

● ABCD フレームワークでスキップされない広告を作る

　Googleが提唱している「スキップされない動画広告」の作り方、それがABCDフレームワークです。

● Attract（引き付ける）：導入部でインパクトを与える
（例：DJプレイを上からのショットで撮影して鮮やかなテクニックを印象づける）

● Brand（ブランディング）：目的に応じてブランドを自然に印象づけ、結果を導く
（例：DJが曲の合間にエナジードリンクを乾いた喉に流し込む）

● Connect（つながる）：感情、音声、ペースを活用する
（例：DJが視聴者に「よいプレイをするにはよいエネルギーを体に流し込むことだ」と語りかける）

● Direct（誘導する）：視聴者に起こしてほしい行動を明確に伝える
（例：エナジードリンクのお試しクーポンにリンクするYouTubeカードを動画の最後に配置する）

　この流れを意識して作ることで視聴維持率が高くなります。

YouTube Adsの最新事例を参考にする

　YouTube動画広告の最新事例や動画広告の作り方、ヒントなどを得たいときには「YouTube Ads」 04 にアクセスすることをお勧めします。「YouTube Ads 」はYouTube動画広告について正しい情報が集積しているオフィシャルサイトです。各動画広告会社がブ

ログで公表している情報もありますが、YouTube 動画広告について
ての一次情報はこのサイトです。海外事例が中心ですが、ぜひこ
ちらのサイトの最新情報を参考にしてみてください。

04 YouTube Ads

https://www.youtube.com/ads/

予算のかけ方は広告費＞制作費

　YouTube の動画広告は、インプレッション（表示回数）ベースで
あれば1インプレッション1円ほどで配信することが可能です。
　YouTube のバンパー広告（6秒広告）などはスキップできないの
で、表示回数＝視聴回数と同じになります。つまり、1万回の表
示回数にかかる広告費は1万円ほどです。もちろん、表示回数＝
見た人の数とは限りません。ですが、数百万から数千万かかるテ
レビCMなどと比較すると、かなり低いコストで広告が出せるこ
とになります。
　では、もし10万円の予算があった場合、以下の①と②のどち
らが、より多くの人に見てもらえるようになるでしょう？

① 動画制作：10万円　動画広告：0円
② 動画制作：3万円　動画広告：7万円

　①のように、動画制作に予算をつぎ込んでも、YouTube にアッ
プするだけでは見てもらえません。ですが②であれば、少なくと
も予算7万円分（1インプレッション1円であれば7万回）は見て
もらえることになります。
　動画は見てもらえなければ意味がありません。まずは、制作費
よりも広告費に予算を使い、見てもらうことを優先するようにし
ましょう。

s e c t i o n

04 YouTubeに広告を出してみよう

実際にYouTubeに動画広告を配信する手順について紹介します。なお、YouTubeはGoogleによって運営されているので、基本的な広告配信の手順はGoogle広告と同じです。ここでは、主にYouTubeに広告を出す場合のポイントについて解説します。

1 YouTubeチャンネルの作成

　YouTube で広告を配信するためにはチャンネルを設定する必要があります。チャンネルの設定はYouTubeのホーム画面にある「設定」から行います。なお、すでにチャンネルを設定している場合、この手順は必要ありません。

① Google アカウントにログインしてYouTubeにアクセス

② 「設定」をクリック

請求とお支払い   アカウント

詳細設定   新しいチャンネルを作成

③「新しいチャンネルを作成」を
クリック

メンバーシップ   未登録
    YouTube Premium の詳細

アカウント設定   アカウント設定を確認または変更する
    Google アカウント ページにリダイレクトされます。

2 動画をYouTubeにアップする

　続いて、作成した動画をYouTubeにアップします。動画のアップはPCからはもちろん、公式アプリを使ってスマートフォンからも行えます。

① （パソコンの場合）
カメラアイコンをクリック

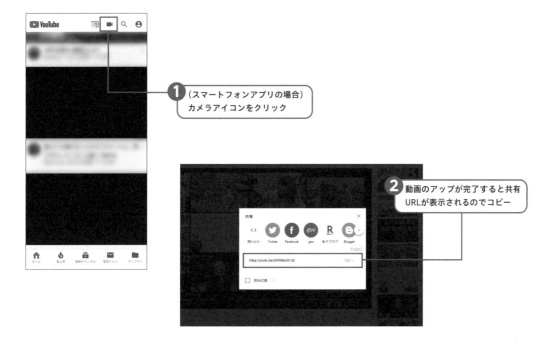

① （スマートフォンアプリの場合）
カメラアイコンをクリック

② 動画のアップが完了すると共有
URLが表示されるのでコピー

3 Google広告からYouTubeに広告を配信

　次にYouTube動画広告のキャンペーンを作成します。「キャンペーンタイプ」を「動画」に設定することで、YouTube動画広告を出稿できます。

① Google広告の管理画面から新規キャンペーンを作成（P30参照）

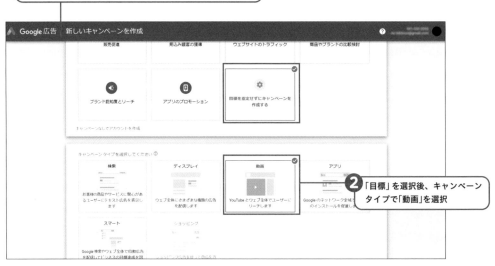

② 「目標」を選択後、キャンペーンタイプで「動画」を選択

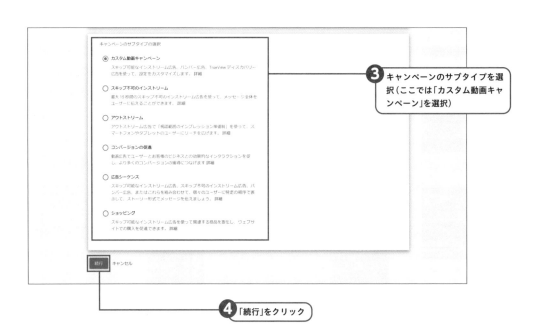

③ キャンペーンのサブタイプを選択（ここでは「カスタム動画キャンペーン」を選択）

④ 「続行」をクリック

キャンペーンの作成手順は、「キャンペーン名」から「広告グループの作成」までは、他のGoogle広告の場合と同様です。ここでは「動画広告の作成」について解説します。

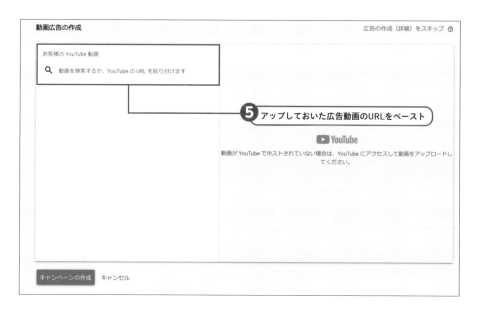

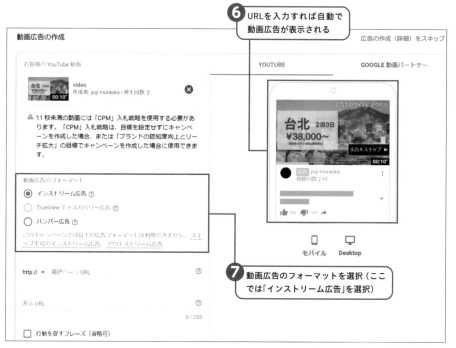

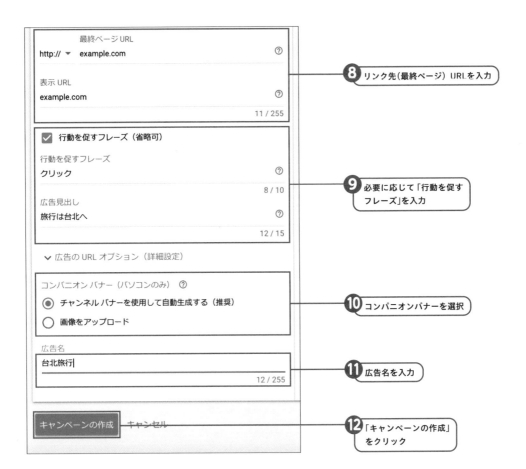

それぞれの設定項目は次のとおりです。

☐ インストリーム広告

スキップできる6秒以上の動画です。

☐ TrueView ディスカバリー広告

YouTube検索時などに動画の候補として表示される動画広告です。

☐ バンパー広告

6秒以内のスキップできない動画広告です。

□ リンク先（最終ページ）URL

動画広告をクリックした際に飛ばされるサイトのURLを設定します。設定しておけばサイトのアクセスも増えるので極力設定しましょう。

□ 行動フレーズ

動画広告のクリック率を上げる文言と見出しを追加できます。

□ コンパニオンバナー

PC閲覧時に出現するバナー領域（動画一覧の上部）を設定できます。自動生成を選んでおけば自動でバナーが作成されます。こだわる方は自作のバナー画像をアップしてもよいでしょう。

コンパニオン バナー（パソコンのみ）　②

○ チャンネル バナーを使用して自動生成する（推奨）

◉ 画像をアップロード

    [ファイルを選択]

サイズ: 300×60 ピクセル、最大ファイルサイズ: 150 KB

アップロード済みの画像を選択

以降の手順は他のGoogle広告と同様です。慣れればそれほど難しくはないので、ぜひYouTube動画広告にチャレンジしてみてください。

参考URL

Google広告ヘルプ「動画キャンペーンの作成」
https://support.google.com/
google-ads/answer/
2375497?hl=ja

広告のURLオプション

広告のURLオプションは、アカウント、キャンペーン、広告グループ、キーワード、サイトリンクの各単位で作成、編集することができます。詳細は以下を参照してください。

Google広告ヘルプ「Google 広告でのトラッキングについて」
https://support.google.com/
google-ads/answer/
6076199?hl=ja

section 05 YouTube動画広告の テクニカルな配信方法

YouTubeは、動画広告でユーザーに効果的にリーチできるよう、年々アップデートを重ねています。ここでは、YouTube動画広告に近年加わった機能から、より効果を出すためのテクニカルな配信方法をお伝えいたします。これまでの技術的な制限を克服するもので、大きな可能性を秘めた配信方法です。

配信デバイスにTV画面が追加

YouTubeは2019年1月より配信デバイスに「TV画面」を追加しました **01**。これによって、「自宅でくつろいでいるユーザーに長尺の動画を配信する」「大画面を際立たせる迫力あるCMを配信する」といったことが可能となりました。P142で、YouTubeの視聴スタイルを「Lean Forward」と解説しましたが、TVに配信すると「Lean Back」で視聴する人たちに向けた動画も有効になるのです。

同じ動画広告をスマートフォンとテレビと分けて配信した場合、テレビ画面のほうが視聴率が伸びる傾向にあります **02**。より長く見てもらい、認知度やブランディングの向上を目指すには、テレビ配信という選択肢が効果的です。

01 **YouTubeの配信設定に「テレビ画面」が追加**

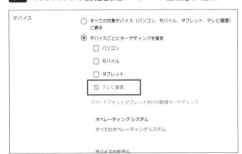

CHAPTER 4 YouTube広告

☐ ●	キャンペーン	表示回数	視聴回数	視聴率
☐ ● ▣ ▤▥▦▧▨▩▪▫_TV		61,328	10,210	16.65%
	パソコン ⑦	0	0	–
	モバイル ⑦	0	0	–
	タブレット ⑦	0	0	–
	テレビ画面	61,328	10,210	16.65%
☐ ● ▣ ▤▥▦▧▨▩▪▫_sp		202,979	18,497	9.11%
	パソコン ⑦	0	0	–
	モバイル ⑦	202,979	18,497	9.11%
	タブレット ⑦	0	0	–
∨	合計: フィルタしたキャンペーン ⑦	264,307	28,707	10.86%
∨	合計: アカウント ⑦	812,155	132,115	19.21%

テレビ画面の方が視聴率が+7.54%高い

シーケンス配信で動画を順番通りに配信

　YouTubeは2018年11月、動画広告向けにシーケンスという新機能を実装しました。

　シーケンスの意味は「連続している」「続きもの」「順番」などです。YouTubeのシーケンスは、その名の通り同じユーザーに「連続して動画広告」を見せる機能のことです。

　いままでは動画を数本作っていても無差別に配信されていました。しかし、シーケンス配信を使用すると、動画広告を順番に続けて配信できるようになります **03**。シーケンス配信には、以下に挙げる2つのメリットがあります。

●①ストーリーがつながったシリーズ物を企画できる

　同じユーザーに順番通り動画を見せることができるので、ストーリーがつながったシリーズ物の動画広告を配信することができます。動画広告は注意や興味を引かなければ視聴率は伸びません。シーケンス配信は、このような企画力が存分に活かせる配信方法になり得ます。

●②ストーリーがつながったシリーズ物を企画できる

　シーケンス配信では、1つずつ関連動画を流すので、広告効果の向上が見込めます。従来は点と点で切れてしまっていた動画広告を線で演出できるようになり、かつ短い期間でユーザーに届けられることから、ユーザーの関心の醸成と記憶定着を狙うことが

参考URL

Google広告ヘルプ「動画広告シーケンス キャンペーンを作成する」
https://support.google.com/
google-ads/answer/
9172870?hl=ja

できます。

　実際に、筆者が実施したシーケンス配信の視聴率を **03** で紹介します。これは食べ歩きのイベント告知をシーケンス配信で行ったときの事例です。

● 【配信内容】1本目：6秒　2本目：15秒　3本目：15秒
● 【配信エリア】エリア別に6ヵ所

　上記の組み合わせで配信を行った結果、どのキャンペーンも3本目に視聴率が約1%〜2%前後上昇するというデータを得られました。

　このようにYouTubeではデバイスや配信形態を組み合わせることで効率的に動画広告を配信できます。この先も市場が大きくなることが予想されているので、様々な手法が生み出されてくるはずです。常にアンテナを張って、その時々の効果的な配信方法を試してみてください。

03 シーケンス配信を実施した際の視聴率例

エリア		広告グループ	シーケンスステップ	↓表示回数	視聴回数	視聴率
エリア1	●	バンパー広告	1	14,472	0	–
	●	県内15秒	1	11,622	2,247	19.33%
	●	県内15秒_2	1	8,035	1,638	20.39%
エリア2	●	バンパー広告	1	14,279	0	–
	●	県内15秒	1	11,830	2,607	22.04%
	●	県内15秒_2	1	8,274	2,035	24.60%
エリア3	●	バンパー広告	1	14,244	0	–
	●	県外15秒	1	11,894	2,170	18.24%
	●	県外15秒_2	1	8,707	1,790	20.56%
エリア4	●	バンパー広告	1	14,342	0	–
	●	県外15秒	1	11,829	2,351	19.87%
	●	県外15秒_2	1	8,068	1,826	22.63%
エリア5	●	バンパー広告	1	11,300	0	–
	●	県外15秒	1	9,140	1,588	17.37%
	●	県外15秒_2	1	6,395	1,198	18.73%
エリア6	●	バンパー広告	1	11,408	0	–
	●	県外15秒	1	9,192	1,573	17.11%
	●	県外15秒_2	1	6,443	1,201	18.64%

Chapter 5

アフィリエイト広告

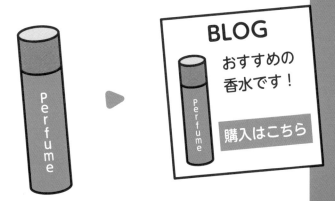

section 01 アフィリエイト広告とは

近年、個人が運営するブログなどが1つのメディアとして、市場に対して大きな影響力を持ち始めています。月に数百万を超えるPV（アクセス数）を誇るブログも少なくありません。アフィリエイト広告は、ブログメディアと非常に相性がよい広告です。メディアが持つ特性と合致した場合、大きな効果を生み出すことができます。

アフィリエイト広告の仕組み

アフィリエイト広告は、ブログなどのメディア運営者が商品やサービスを紹介して、その商品が売れた（サービスが申し込まれた）際に広告主が仲介業者であるASP（アフリエイト・サービス・プロバイダ）を通じて一定額の成果報酬を支払う仕組みの広告です。申し込みが入ってはじめて報酬が発生するので、成功報酬型広告とも呼ばれています。

アフィリエイトには、ブログやウェブサイトで商品やサービスを紹介する「メディア運営者」、商品やサービスを販売する「広告主」、広告主とメディア運営者を繋ぐ「ASP」、実際に商品やサービスを購入する「読者」の4者がかかわっています **01**。本書ではアフィリエイトを商品やサービスのプロモーションに利用する「広告主」の立場から解説していきます。

高いお金を支払ってテレビCMや雑誌に広告を出稿しても、必ず商品が売れるとは限りません。また、たとえ売れなかったとしても支払った広告料は返ってきません。しかしアフィリエイト広告であれば、利用料のほとんどは商品が売れた時に発生するので、無駄な広告費用がかからないというメリットがあります。

一方、プロモーションする側であるメディア運営者は、自分の好きな商品を紹介して、売れた場合に指定額の報酬を受け取ることができます。また、在庫の心配がない（＝仕入れリスクがない）分、様々な商品やサービスを積極的に紹介してくれます。

ASP（アフィリエイト・サービス・プロバイダ）

Affiliate Service Providerの略。主にインターネットで成功報酬型広告を配信するサービス・プロバイダのこと。

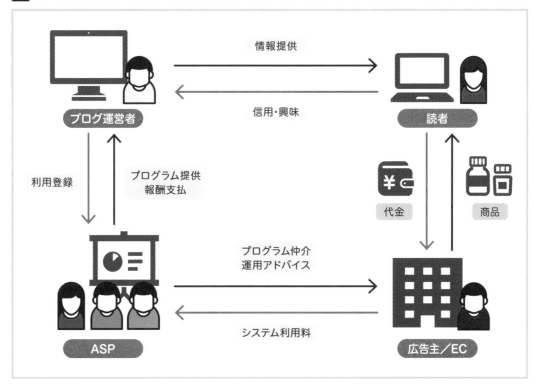

ショッピングモール型とASP型

　一般にアフィリエイトは大きく分けて2つの形態があります。1つはAmazonや楽天市場などのショッピングモール型ECサイトが行っているアフィリエイトです。メディア運営者はこれらのECサイトの商品購入ページにリンクを張り、売れた場合はAmazonや楽天から紹介料を受け取ります。

　もう1つはバリューコマースやA8.netなどのASPが仲介するアフィリエイトです。これらのASPを利用する場合は、メディア運営者は一般に広告主の運営する購入ページなどにリンクを張り、売れた場合はASPを通じて広告主から紹介料が支払われます。ASPの仲介により、点在する広告主とメディア運営者が1案件ごとに提携を結ぶといった手間が不要です。

　企業がアフィリエイトを施策として計画する場合は、一般に後者の形態をとることが多いでしょう。前者を強化したい場合は、メディア運営者へ個別に紹介を依頼するような形になります。

代表的なアフィリエイトシステム提供会社

それでは、上記でも名前が出てきた代表的なアリフィエイトシステムの提供会社について紹介します。なお、ショッピングモール型の場合、まずは自社商品を出品する必要があります。

□ Amazon出品サービス

Amazonのプラットフォームを利用して自社商品を販売する場合の窓口になります **02** 。

□ 楽天市場

楽天市場のプラットフォームを利用して自社商品を販売する窓口になります **03** 。

□ バリューコマース

日本最大級のASPの一つです **04** 。

□ A8.net

バリューコマースと並ぶ日本最大級のASPです **05** 。

物販であれば、販路の1つとしてもAmazonや楽天を利用する企業は多いでしょう。また、ASPの場合はサービス提供型の広告主が多い傾向があります。

02 Amazon出品サービス

https://services.amazon.co.jp/services/sell-on-amazon/fee.html

03 楽天市場「サービス・料金詳細」

https://www.rakuten.co.jp/ec/plan/cost_detail/

04 バリューコマース

https://www.valuecommerce.ne.jp/ecsite/

05 A8.net

https://support.a8.net/ec/start/

□ もしもアフィリエイト

ブログなどの個人メディアに強いASPです **06** 。固定費が完全無料という特長があります。

06 もしもアフィリエイト

https://af.moshimo.com/af/www/merchant

システム利用料について

　ASPの費用は、商品が売れた場合に支払う成功報酬のほかに、ASPを利用する時に発生する利用料があります。一般的に、ASPを利用する際にかかる費用には **07** のようなものがあります。

　ASPのシステム利用料は各社ごとに異なりますが、多くのASPが初期費用・月額費用がともに5万円前後、成果手数料が30％前後となっています。ただし、「もしもアフィリエイト」は初期費用・月額費用の固定費が0円で、変動費だけでの運用が可能になっています。はじめてアフィリエイト広告に取り組む場合は、固定費がかからない「もしもアフィリエイト」で慣れてみるのもよいでしょう。

07 ASPを利用する際に発生する費用

固定費	支払先	成約時の変動費	支払先
初期費用	ASP	成果報酬	メディア運営者
月額費用	ASP	成果手数料	ASP

アフィリエイト広告のメリット

　アフィリエイト広告を利用するメリットには、大きく分けて2つの要素があります。

　1つ目が低リスクで利用できること。2つ目が第三者に営業活動を行ってもらえることです。

　それぞれについて、次ページで具体的に解説します。

● メリット① 低リスク

まず1つ目のメリットである低リスクについて解説します。

あくまでも試算ですが、10,000円の商品を成果報酬10％で100〜150個売れた場合の売上高と広告コストを表にしてみました 08 。

一般的な広告費は先払いです。しかも、売上に繋がらなくても広告費を支払う必要があります。一方、アフィリエイト広告の場合、一定の固定費は掛かるものの、報酬は売れた後にのみ発生するので効果がなかった分の広告費は掛からないことになります。

08 アフィリエイト運用の試算

項目	1ヶ月目	2ヶ月目	3ヶ月目
売上個数	100	100	150
商品価格	10,000	10,000	10,000
初期費用	50,000	0	0
月額費用	50,000	50,000	50,000
成果報酬	100,000	100,000	150,000
手数料（成果報酬の30％）	30,000	30,000	45,000
アフィリエイト経費合計	230,000	180,000	245,000
商品原価（商品価格の50％と仮定）	500,000	500,000	750,000
売上	1,000,000	1,000,000	1,500,000
利益	270,000	320,000	505,000

● メリット② 第三者に営業活動を託すことができる

もう1つのメリットが「第三者に営業活動を託すことができる」点です。

本来、自社の商品は自社の営業スタッフが販売するのが一般的です。それが、アフィリエイト広告の場合、メディア運営者という第三者が代理で商品を販売してくれるのです。

しかも、商品紹介は第三者視点で行ってくれるので、受け取る側にとって公平性の高い商品紹介と捉えられやすくなります。また、自社では気付かなかったアピールポイントを掲示してくれる場合もあります。

商品を販売してくれるメディア運営者（アフィリエイター）は、あなたが扱う商品の強烈なファンであることが多いので、自社の営業担当よりも熱量が高い可能性があります。

商品をたくさん販売してくれるメディアは、敏腕の営業担当を雇用していることと同じ価値があります。コミュニケーションを密に取り、関係を深めることができれば、自社商品のプロモーションに力を注いでくれることでしょう。

一方、販売額は少額でもしっかりとした商品の紹介記事を書いてくれる人もいます。このような人には、広告主側で参加者限定の新商品展示会に招待したり、販売時の報酬額（料率）を調整してあげたりして、Win-Win になれる友好な関係性を構築すると、安定した売り上げを得ることができるようになります。

成果報酬型という言葉が独り歩きし、ついつい「なにもしなくても勝手に商品を紹介してくれて、売れた分だけお金を支払えばいい」と安易に考えている広告主も見受けられます。しかし、それは大きな間違いです。よほど商品に魅力があるのであれば話は別ですが、ありきたりの商品で、画一的な情報を流しているだけでは成果に繋がりません。アフィリエイト広告で成果を上げるには、メディア運営者との信頼関係作りがなによりも大切です。

ASP 上には、メディア運営者に紹介してもらいたい企業が数多く存在しています。それらの中から自社の商品を選んでもらうには、適正な成果報酬および成果を上げるための情報を提供し、積極的に応援してもらえる関係を作っていくことが重要になります。

Column

イベントを活用しよう

ASP主催のイベントに参加して、メディア運営者と交流を図ることも重要です。個別のイベントもあれば、複数の広告主が集まった合同イベントもあります **01**。ただし、ASPに参加費を支払う必要がありますので、予算に応じて検討しましょう。

01 バリューコマース／イベント・セミナー

https://www.valuecommerce.ne.jp/seminar/

section 02 アフィリエイト広告を利用する前に知っておくべきこと

向いてる？向いてない？

どこに頼む？

アフィリエイト広告に限った話ではありませんが、何事も準備段階が大切です。準備を怠ると、極端に効果が低くなります。また、当然ではありますがアフィリエイト広告にも向き不向きがあります。ここでは、アフィリエイト広告を出稿するにあたって必要な事前準備について解説します。

アフィリエイト広告に向いている商材かどうかを分析する

　前セクションで解説したように、アフィリエイト広告はリスクの低い広告手法です。ただし、商材・サービスによって向き・不向きは存在します。不向きな商材やサービスでアフィリエイトを利用しても、効果はあまり上がりません。たとえ広告費の損失は少なかったとしても、時間やかけた手間という観点では、相応の損失が発生します。自社の商材・サービスがアフィリエイト広告に向いているかどうか、しっかりと分析して導入するか判断しましょう。

● アフィリエイト広告に不向きな商材

　一般に次のような商材はアフリエイト広告には向きません。

- ●日用品や食料品など一般化された商品
- ●販売期間が1か月程度の短期的なプロモーション
- ●BtoB向けの高単価商品・サービス

　日用品や食料品といった生活必需品など、どこで購入しても大きな差がない商品はアフィリエイト広告に向いていません。具体的には野菜などの食材や、トイレットペーパー、洗剤など、近くのスーパーマーケットで購入可能な商品だと思っていただければ、ほぼ間違いありません。
　このような商品はAmazonや楽天市場、Yahoo!ショッピング

などの大手資本が運営するECサイトとの価格競争に巻き込まれてしまいます。スタートアップや中小規模の企業が大手資本と同じ戦い方をしてしまうと、資金的にも労力的にも疲弊してしまうので、単価が低い・大量生産のジャンルでアフィリエイト広告を利用することは控えましょう。

● 短期的なプロモーションには不向き

基本的にプロモーションで一番コストがかかるのは新規顧客獲得時です。新しいお客様に商品を購入してもらうために、利益よりも多くの広告コストを掛けることもよくあります。一時的に赤字になっても、継続的に商品やサービスを利用（リピーター化）してもらえるようになれば、長期的には利益になります。マーケティング用語に顧客生涯価値（ライフタイムバリュー＝LTV）という言葉があります。将来的に一人の顧客がもたらしてくれる利益を想定した上で、広告費を算出していくという考え方です。

短期的なプロモーションの場合、LTVが最大化する前に商品の販売が終了してしまい、リスクが低いアフィリエイト広告を利用したとしても、赤字になってしまう可能性が高くなります。

アフィリエイト広告を出稿してASPを経てプログラムが開始されてから、メディア運営者がその広告を発見して記事を掲載してくれるまで、かなりのタイムラグが発生します。短期間で終わるプロモーションの場合、記事が公開された時点ですでにプロモーションの期間が終わってしまい商品がないというケースもあり得るのです。

LTV
(Life Time Value)

顧客が、企業と取引を開始してから終了するまでの期間で、その企業の商品やサービスをどれだけ購入したのかを算出したもの。

● アフィリエイト広告に向いている商材

一方、アフィリエイト広告に向いている商材には以下のようなジャンルがあります。

- LTVが高い
- 利益率が高い
- 独自性が高い（一点物など）
- 何回も利用する可能性が高い

具体的なジャンルとしては、金融・保険、クレジットカード、不動産、自動車、エステ・美容・ダイエット、英語・英会話、転職活動、インターネットサービスなどが挙げられます。これらのプログラムに共通して言えるのは、「一生涯で使う絶対額が大きい（LTVが高い）」ジャンルということです。保険やクレジットカードは一度申し込んでもらえれば、何年も、何十年も企業に手数料をもたらします。

美容関係や語学関係は長く続けないと結果に繋がり難いものです。レッスン単価に比べて原価は低いため、その分のコストを広告料にまわすことができます。

転職活動は大きく分けて転職サイトと転職エージェントの2つのサービスを利用することが一般的です。転職エージェントは、登録者を増やすためにアフィリエイト報酬を高く設定して、メディア運営者に紹介してもらっています。

インターネットサービスの多くはオンライン上で展開され、原価率が非常に低いのが特徴です。原価率が低いため利益率が高く、その分、ユーザー獲得のための広告費を掛けやすい傾向があります。

報酬料率は1〜2%と低くても、パソコンや旅行のプログラムは購入金額の総額が20万円を超える場合が多いため、結果としてメディア運営者は1件の成約で数千円の成果を生み出すことがあります。自動車や不動産も同様です。

報酬額が高いということは、メディア運営者が積極的に紹介する動機づけにもなります。

A8.netなどのASPでは、メディア運営者側の管理画面で提供されているアフィリエイトプログラムの一覧を確認できるので、どのジャンルの広告がどの程度の報酬額を提示しているのか参考にしましょう **01** 。

01 A8.netメディア運営者側管理画面

金融・投資・保険で検索した場合のプログラム一覧画面

適切なASPの選び方

総務省の資料（矢野経済研究所推計）によると日本国内にASPは100社以上展開しています。規模の大小、得意ジャンルの差、サービスの一般展開／一部の顧客のみの展開など、ASPごとに特徴はありますが、その中から自社に最適なASPを探すのは大変

です。ここではASPを選ぶにあたっての目安となる要素を3つ解説します。

● ①登録メディアの多いASPを選ぶ

まず、登録メディア（ブログ、ニュースサイト等）が多いASPを選ぶという考え方があります。

例えばバリューコマース株式会社（Yahoo!Japanグループ）やA8.netは日本最大級のASPとなっており、展開しているアフィリエイトプログラムも、登録しているメディアも膨大な数になっています。紹介してくれるメディアが少ないと、いくらアフィリエイトプログラムを展開しても紹介されないという状況になってしまうので登録メディア数は大きなポイントになります。

● ②運用コストの低いASPを選ぶ

P158でも紹介しましたが、「もしもアフィリエイト」は初期費用も月額費用も無料で利用可能です。このように運用コストの低いASPを選択すると、広告費を削減することも可能です。

● ③信用度の高いASPを選ぶ

すべてのASPが健全に運営されていると信じたいところですが、残念ながら一部のASPでは法律違反とまではいかなくても、グレーな行動を黙認している場合もあります。

何を理由に信用度が高いかを決めるのは難しいかもしれませんが、1つの目安となるものがあります。日本アフィリエイト協議会（JAO）は、アフィリエイト業界の健全化のために消費者庁や国民生活センターといった公的機関と連携しています。この団体に登録しているかどうかは、ASPの信頼度を表す1つの目安になるはずです。

● サービスや料金など、実際に見て各ASPを比較

「アフィリエイトサービスプロバイダ」、あるいは「ASP」で検索してみましょう。すると、様々なASPが検索結果に表示されます。

実際に各ASPのページを見て、自社に最適だと思う会社を選択しましょう。個人的には、初期費用や月額固定費が無料のASPに登録してアフィリエイト広告に慣れ、利益が広告コストよりも上回ってきたらASPを増やしたり、場合によっては現状のASPから別のASPに乗り換えたりすることをお勧めします。ただし、広告主がASPを乗り換えるとメディア運営者側は広告の張り替えなどの作業が発生してしまうので、頻繁にASPを乗り換える広告主は敬遠されてしまいます。よほどの理由がない限り、ASPを乗り換えることは避けましょう。

参考URL

日本アフィリエイトサービス協会「アフィリエイトサービス事業者の迷惑メール対策について」
https://www.soumu.go.jp/main_content/000093798.pdf

参考URL

日本アフィリエイト協議会 正会員リスト
https://www.japan-affiliate.org/members/

ASPが信頼できるかどうかは、広告主のみならずメディア運営者も気になる点です。メディア運営者がASPの信頼度について解説している記事も多くあるので、インターネットで検索して参考にしてみるとよいでしょう。

<table>
<tr><td>section</td></tr>
</table>

section 03 アフィリエイト広告を 運用する際に注意すべき点

アフィリエイト広告は、ただ出稿するだけでは意味がありません。運用ルールや目標値を設定し、その差分を検証して改善を図り効果を上げていくことが重要となります。ここではアフィリエイト広告の効果を上げるための運用のルール設定について解説します。

運用ルールを決めよう

アフィリエイト広告を運用する際には、最初にルールを設定する必要があります。最低限、以下の6つの項目は事前に決めておくようにしましょう。

● ①報酬単価・報酬割合

報酬単価・報酬割合は商品を販売してくれたメディア運営者に支払う報酬金額のことです。1件あたりの固定額にするのか、購入代金に応じて一定の割合（購入額の10%など）を支払うのかを決めます。

報酬額（報酬料率）をどれくらいに設定すればいいかがわからない場合は、広く公開されているAmazonアソシエイト（アフィリエイト）紹介料率 **01** を参考に、原価や利益率に応じて報酬額（報酬利率）を設定するとよいでしょう。

LTVが大きい商材・サービスを提供している場合、初回の購入金額よりも高い報酬単価を設定する場合があります。クレジットカードの申し込みやFX口座開設など、初期費用無料のサービス申し込みに1万円以上の報酬を提供しているプログラムも数多くあります。これは初回の利益よりも、顧客1人当たりのLTVを重視しているからです。アフィリエイト広告費によって、初回購入が5,000円の赤字だったとしても、その後の1年間で購入者が5万円の利益をもたらしてくれればトータルでは黒字になります。

すべてのメディア運営者を均一の報酬にする必要はありません。

Amazonの場合は小売業なので、一般に売価に対する利益率は高くありません。Amazonアソシエイトでは、Amazonの利益の10%〜30%程度の額を紹介料にあてていると考えらます。

特別報酬単価（＝特別単価・特単）

実績や貢献度に応じてアフィリエイトの報酬単価を上げること。
https://affiliate.amazon.co.jp/welcome/compensation

例えば、月に30件以上の注文をもたらすメディア運営者には通常1件300円の報酬額を1,000円にしたり、5%の報酬料率を15%にしたりするなど、特別な報酬単価を設定してもよいでしょう。特別な待遇を設定すれば、メディア運営者のモチベーションも高まり、紹介にも力が入るようになります。

注文数は少なくても、定期的に丁寧な文章で商品を紹介してくれる、メディア運営者に対しても、報酬額を上げたり、サンプル商品をプレゼントしたりといった形で好遇することもよくあります。通常の報酬単価はやや低めに設定して、好意的なメディア運営者に特別報酬単価を提供するというスタイルでアフィリエイト広告を運用している企業も少なくありません。同業他社の報酬単価を確認し、自社の報酬額の参考にしてもよいでしょう。

参考URL

Amazonアソシエイト・プログラム紹介料率表
https://affiliate.amazon.co.jp/welcome/compensation

01 Amazonアソシエイト紹介料率テーブル（2019年12月現在）

紹介料率	商品カテゴリー
10%	Amazon ビデオ（レンタル・購入）、Amazon コイン
8%	Kindle 本、デジタルミュージックダウンロード、Android アプリ、食品＆飲料、お酒、服、ファッション小物、ジュエリー、シューズ、バッグ、Amazon パントリー対象商品、SaaS ストアの対象 PC ソフト
5%	ドラッグストア・ビューティー用品、コスメ、ペット用品
4.5%	Kindle デバイス、Fire デバイス、Fire TV、Amazon Echo
4%	DIY 用品、産業・研究開発用品、ベビー・マタニティ用品、スポーツ＆アウトドア用品、ギフト券
3%	本、文房具/オフィス用品、おもちゃ、ホビー、キッチン用品/食器、インテリア/家具/寝具、生活雑貨、手芸/画材
2%	CD、DVD、ブルーレイ、ゲーム/PC ソフト（含ダウンロード）、カメラ、PC、家電（含 キッチン家電、生活家電、理美容家電など）、カー用品・バイク用品、腕時計、楽器
0.5%	フィギュア
0%	ビデオ、Amazon フレッシュ
紹介料上限 (※1)	1 商品 1 個の売上につき 1,000 円（消費税別）

※1 上記商品カテゴリーに含まれない商品に関しては、紹介料率2%となります。
　　Amazon Business購入は対象外となります。プライムワードローブは対象外となります。

● **②成果確定地点（報酬発生地点）**

次に、どのタイミングでメディア運営者に報酬を支払うのかを決めます。物販であれば入金（クレジットカード決済や銀行振込）時点で成果を確定しても問題ありません。一方、宿泊予約サイトの場合は成果の確定が宿泊時点になることも多々あります。宿泊日は、申し込み日から場合によっては半年以上先になることもあります。なおかつ宿泊キャンセルが発生した場合には成果もキャンセルになります。どのタイミングで成果が確定するかはメディア運営者も特に気にするポイントです。

● ③承認作業期限

広告主には、注文（購入・申し込み）が発生したらその成果を承認・非承認にする作業が発生します。具体的には、注文がキャンセルされた場合には非承認に、確定したものは承認するという作業です。一般的に成果確定は30日間〜60日間で設定している広告主が多いようです。

杜撰な広告主だと承認作業を疎かにしてしまい、注文が発生しているのにもかかわらずいつまでも成果の承認がされない場合があります。このような広告主は悪評が立ち、メディア運営者も敬遠するようになります。一方で承認期限よりも早く結論を出す広告主は歓迎されます。

承認作業は、しっかりとスケジュールを組んだ上で定期的に行うようにしましょう。

● ④禁止事項の設定

アフィリエイト広告を運用する前に、メディア運営者に対する禁止事項もしっかりと決めておきましょう。ほとんどのメディア運営者は真面目に運営しているのですが、ごく一部に残念な運営者がいるのも事実です。

ルールの穴を突いて不正な成果を伸ばされると、成果が得られないまま広告コストだけが増加してしまう恐れがあります。不正行為に対しては、毅然と非承認ができるように、事前に禁止事項を明文化しておきましょう。

なお、禁止事項の例には以下のようなものがあります。

a 社名および商品名（類似、表記の揺れを含む）によるリスティング広告の出稿

b サイト・ブログタイトルおよび記事・ページタイトルに「公式」という文字の使用禁止

c 類似ドメインおよび商標・商品名（類似含む）ドメイン（URL）の使用禁止

まずaですが、自社で直販（直申し込み）を行っている場合、商品名やサービス名、社名で検索すると、ほとんどが自社のウェブサイトや販売サイトが検索順位1位で表示されるはずです。もしメディア運営者にリスティング広告の利用を許可すると、検索エンジンで表示される公式サイトよりも、リスティング広告を利用しているメディア運営者のウェブサイトの方が上位に表示される可能性が生じます。結果、公式サイトよりもメディア運営者のウェブサイトからアフィリエイト経由で購入されるケースが増えて

もし、自社の商品名やサービスで自社サイトが表示されない場合は、SEO（検索エンジン最適化）がなされていない可能性が高いので、ウェブサイトの運営方法を見直す必要があります。

SEO参考書籍
『最新SEO完全対策・成功の指南書 結果を出し続けるこれからの手法』(MdN)

てしまい、本来発生しなかったはずのアフィリエイト広告費を支払う
必要が出てきてしまいます。

　もちろん、商品が売れる（申し込まれる）のなら広告費に糸目をつけ
ないという考え方もあります。公式サイトとリスティング広告が揃っ
て検索上位に表示されることにメリットを感じるケースもあるかもし
れません。その場合には、リスティング広告OKにしても構いません。
メディア運営者にとっては、自由度の高い広告主の方が好まれる傾向
はあります。

　A8.netのメディア側の管理画面にはリスティング広告の可否がア
イコンで掲載されていて、どの広告主が可にしていて、どの広告主が
NGにしているのかを確認できます **02**。

　なお「リスティング一部OK」とは、社名・商品名はNGですが、一
般的なキーワードでの出稿はOKとしている広告主です。NGはリス
ティング広告での集客行為全般を認めていない広告主になります。

02　**A8.netにおける広告主条件の表示例**

セルフバック：サイトで本人申し込み・購入が可能
即時提携：提携を申し込むとすぐに広告を掲載可能
本人OK：自己アフィリエイト可
ポイントOK：Pサイト（ポイントサイト）への広告掲載が可能
商品リンク：商品リンクの掲載が可能
リスティングOK：リスティング広告を利用したサイト宣伝が可能
リスティング一部OK：リスティング広告の利用に制限あり
リスティングNG：リスティング広告を利用したサイト宣伝が不可
スマートフォン最適化サイト対応：広告主サイトがスマートフォンに最適化
ITP対応：ITP（Safariに搭載された個人情報のトラッキングを防ぐ仕組み）に対応

参考URL

A8.net「**プログラム情報とアイコンの見方**」
https://support.a8.net/as/help/programicon.html

　b、cの場合、公式サイトとの誤認を排除するために禁止する広告
主が多いようです。メディア運営者が勝手に「公式」と書いたらユーザ
ーは混乱し、場合によっては信じてしまうかもしれません。

　同様にドメイン（URL）が類似しても誤認を生む可能性があります。

最近のフィッシング詐欺であるように、銀行などのURLに酷似したURLをスパムメールに載せてクリックさせる行為と広い意味では同様です。

誤認によるトラブルを防ぐ意味でも、事前にルールとして、無断で類似ドメインを使用したり、無断で「公式」と名乗ったりしているメディアは利用禁止というルールを作っておきましょう。

不正行為としてペナルティ対象にしたほうがよい行為を日本アフィリエイト協議会がまとめています **03**。

一部抜粋しますが、このような行為を頻繁に行うメディアに広告出稿していた場合、ASPに相談し、提携解除も検討しましょう。また、ASPもメディア運営者向けに禁止事項を記していますので、一度目を通しておきましょう。

●不正クリック、不正申し込み
●無許可の画像、文章コピー・著しい誇大表現、虚偽表記
●根拠のない情報の表示、ランキング付け
●メールやブログを使った無差別・無意味なスパム行為
●企業や消費者にとって不利益となる行為

参考URL

A8.netでの禁止事項
https://support.a8.net/as/kinshi.html

バリューコマース運営ポリシー
https://www.valuecommerce.ne.jp/policy/as_attention.html

03 日本アフィリエイト協議会「正しくアフィリエイトしよう!」

https://www.japan-affiliate.org/news/rightafl/

⑤自己アフィリエイトの可否を決める

　自己アフィリエイトとは、メディア運営者自身がアフィリエイト広告を経由して申し込む行為を指します。自分で代金を支払い（サービスに申し込み）、それを成果としてカウントして広告主から報酬をもらうという仕組みです。

　自己アフィリエイトにはメリットもデメリットもあります。一番のメリットは、メディア運営者が、商品やサービスを実際に使ってもらった上でより詳しい商品紹介を行ってくれることです。

　デメリットは、成果報酬を支払うので、広告コストが発生するという点です。もちろん商品を詳しく理解しようとして自己アフィリエイトを利用するメディア運営者は大切にする必要があります。しかし高単価の報酬目当てで申し込み、すぐに解約をしてしまう悪質なメディア運営者が一部存在することも事実です。

　自己アフィリエイトについても行うか行わないか事前に決めておきましょう。わからない時はASPに相談するようにしてください。

⑥全体予算を決める

　アフィリエイト広告を出稿するためには、P160にあるように大枠で初期費用と月額費用、成果報酬費用と手数料が掛かります。つまり1か月にどれだけ商材が申し込まれるかの数値が想定できれば、予算が算出できます。また、アフィリエイト広告は承認期間というものがあります。一般的には月に1回程度で承認作業を実施し、翌月にASPから請求書が届いて締日（月末）までに利用料を支払うのが一般的な支払いサイクルとなります。

　このように、支払いには成果が発生してから最大で2か月近くの猶予があります。嬉しい誤算で、想定していた予算よりも多くの申し込みが入ったとしても、支払いまでの期間内に予算を補充できれば大丈夫な仕組みになっています。売上が見込めているのですから、可能な限りの手段を講じて予算を調達しましょう。

　予算を使い切ったため、すべて非承認にしたり、急にプログラムを終了させたりする広告主がいますが、これはお勧めしません。アフィリエイト広告の緊急停止はメディア運営者に対する裏切り行為です。

　悪い評判は一瞬で広まります。たった一度の信用毀損で、メディア運営者に相手にしてもらえなくなった広告主も存在します。ASPは何百何千ものアフィリエイトプログラムを取り扱っています。そこから選んでもらうためには、ASPとも、メディア運営者とも信頼関係を築き上げていなかければなりません。それがアフィリエイト広告で成果を伸ばしていく秘訣です。

<table>
<tr><td>
<p>section
04</p>
</td><td>
アフィリエイト広告利用時の
注意点
</td></tr>
</table>

ステマ

不正PPC

アフィリエイト広告はコストに関する
リスクが低いというメリットがありま
す。しかし一方でデメリットもありま
す。広告費を支払っているのにも関わ
らず、気づかぬうちに評判を落として
しまうこともありますので、そうなら
ないようにしっかりマネジメントしま
しょう。

記事の内容をコントロールできない

　アフィリエイトプログラムにおける注意点に、広告主がメディ
ア運営者の記事内容をコントロールできないというものがありま
す。いつ、どのような内容で掲載されるのかを事前に知るのは不
可能です。メディア運営者は読者に商品を申し込んでもらうため
に好意的な記事を書くのが一般的ですが、ネガティブな記事を書
かれることもあります。

　あまりにも的外れな記事を書いている場合、ASP経由で注意
をうながすことも可能です。ただし、その前に自社の商品や対応
に問題がなかったかについても検証しましょう。もし問題点が見
つかったらメディア運営者に対して誠意ある行動を取りましょう。
一方、自社側に問題点がなく、単なる誹謗中傷になっているよう
であれば、提携解除などの毅然とした対応を取りましょう。

　このようなことを防ぐためにも、前セクションで解説した運用
ルール作りが大切です。どんなメディアでも提携許可するのでは
なく、信頼が築けなそうなメディアは否認することも必要です。

メディア運営者との信頼関係を構築する

　アフィリエイト広告はメディア運営者との信頼関係が何より重
要です。信頼関係がしっかりしていれば、前述のような記事内容
のコントロールも必要なく、なにより商品やメーカーのファンに
なってくれます。

信頼関係を築くための施策には様々なものがあります。体験イベントなどを開催してメディア運営者と意見交換を行ったり、広告を掲載してくれているメディアに連絡をとって用意してほしい素材について相談を受けたり、新商品を提供／貸し出すのでレビューを書いてもらえないかなどの提案をしたりしてもよいでしょう。ASPが開催しているイベントに参加して、交流を深めるのも１つの手段です。メディア運営者にしてみれば、意見を聞いてくれたり商品提供してくれたりすると、広告主が特別扱いしてくれたと奮起することもあります。

　商品申し込みが多い貢献度の高いメディア運営者には特別単価を提案してもよいでしょう。あまり押しつけ的な連絡は敬遠されますが、適切な提案は好感度を上げ、信頼関係を強めます。逆に信頼関係を壊すのは一瞬です。

　アフィリエイトに限らず、一般社会でも取引先との信頼関係は大切です。インターネット上だと、なかなか直接顔を合わせる機会は少ないですが、だからといって礼儀や節度を忘れずにメディア運営者は同等のビジネスパートナーだという認識で交流しましょう。

メディア運営者と連絡を取る手段には、ASP経由で連絡する手段とメディア（ブログ）などにある問い合わせフォーム（もしくはメールアドレス）を使用する手段があります。なお、メディア運営者と直接連絡を取ることを禁止しているASPもあります。これはASPを選ぶ際の基準にもなるので、事前に確認しておきましょう。

不正PPC（リスティング広告）を利用しているサイトのチェックをしよう

　不正PPC（Pay per Click）とは、出稿禁止のキーワードでリスティング広告の出稿を行い、成果報酬を狙う悪質なアフィリエイト手法です。

　多くの不正PPCは広告主の目が届かない時間帯や地域で出稿されます。具体的には勤務時間外の深夜であったり、東京の会社の場合は地方で広告が出稿されたりといった具合です。インターネット広告は時間帯や地域、想定年齢層など細かく広告出稿条件を指定できるので、このような悪用がまかり通ってしまうことがあります。

　このような不正をすべてチェックすることは難しいですが、例えば、商品・サービスが申し込まれるのは平日や昼間の時間帯が多い傾向があるのにもかかわらず、特定のサイトだけなぜか土日や深夜に申し込みが多い場合、不正PPCを行っている可能性があります。

　このような不自然なサイトを発見したら、まずASPに相談して対応方法を検討しましょう。

不正PPCという言葉は、不正にクリック数を稼いで報酬を得る行為を示す場合もあります。こちらの行為も、基本的には規約違反となります。

ステルスマーケティング問題

　インターネット広告では、ステルスマーケティングに関する問題が頻発しています。

　ステルスマーケティングとは、企業から金銭や商品などの報酬を受け取っているといった利益供与があるにも関わらず、自分で買った商品だと偽ったり、中立的な第三者であるかのように偽装して特定の企業や製品について高い評価を行ったりする行為を指します。

　アフィリエイト広告の場合、成果報酬以外の金銭提供の機会は多くはありませんが、商品の提供やサービスの体験を提供する機会は頻繁にあります。その際は記事内に「関係性」をしっかりと明示してもらうように依頼しましょう。

　具体的には「商品を○○社に提供していただきました」や「○○社の依頼で体験させていただきました」などの文章を記事の最初の方に入れておけば大丈夫です。

　記事タイトルに「PR」や「AD」を入れるべきという意見もありますが、商品・サービス提供程度であれば記事内に関係性を明示する程度でも大丈夫でしょう。ただし、金銭を提供しているタイアップ広告の場合は記事タイトルに「PR」「AD」の記載と、文頭に「この記事は○○社の提供でお届けします」や「スポンサード記事」などといった表記を必ず依頼しましょう。

　消費者庁のウェブサイトに、「インターネット上の広告表示」 **01** について、具体的な例が紹介されているので、こちらも参考にしてください。

01 消費者庁「インターネット上の広告表示」

https://www.caa.go.jp/policies/policy/representation/fair_labeling/representation_regulation/internet/

法律違反や権利侵害

アフィリエイト広告に限りませんが、インターネット広告を利用する場合には、法律に則った表示や権利の侵害に注意を払いましょう。故意に違反するのは言語道断ですが、メディア運営者、広告主側双方ともに意図しないで違反行為をしている場合もあります。

アフィリエイトに関連する法律や権利の侵害には「景品表示法違反」「医薬品医療機器等法（旧薬事法）違反」「著作権侵害」「商標権侵害」があります。また表現の自由という原則があるので線引きが難しいのですが、「肖像権の侵害」も考慮に入れておく必要があります。

以下を参考に、もし提携先のメディアが違反行為を行っているようであれば注意しましょう。

● 著作権侵害

広告主のホームページや、第三者が運営するブログやウェブサイトの文章や画像、音声などを勝手に取得して掲載した場合は著作権の侵害となります。

● 商標権侵害

広告主の許可なく企業名やサービス名、ブランド名など登録商標を利用した広告出稿を行うことは商標権の侵害に当たります。またトップレベルドメイン（http://○○○.com の○○○の文字列）を商標登録されているURLにすることも商標権の侵害になります。

● 肖像権侵害

肖像権の侵害については「表現の自由」との兼ね合いもあるので明確な線引きが難しいのですが、特に芸能人の画像については細心の注意を払っておいた方が良いでしょう。

● 契約期間にも注意

特に芸能人などを広告に利用している場合、契約期間を過ぎてもその素材を使っていると、使用料（違約金）を請求される場合があります。契約期間がすぎる前にメディア運営者に連絡し、バナー広告などの素材の変更を依頼しましょう。

なお、ASPにはこれらの法律について解説してあるページがあるので、参考にしてみてください。

参考URL

不当景品類及び不当表示防止法（景品表示法）
https://www.caa.go.jp/policies/policy/representation/

健康食品ナビ（東京都福祉保健局）
http://www.tokyo-eiken.go.jp/kj_shoku/kenkounavi/

薬事法ルール集（薬事法ドットコム）
http://www.yakujihou.com/content/rule.html

section

05

アフィリエイト広告における
KPI（目標設定）

CPA　　　CVR　　　CTR　　　MEDIA

アフィリエイト広告は、商材が売れていれば問題ないと思いがちになりますが、効果検証を行って改善をしていけば、さらに売上を伸ばすことが可能となります。ここでは、アフィリエイト広告におけるKPIについて簡単に解説します。

アフィリエイト広告でチェックしておきたいポイント

　アフィリエイト広告で効果を測定する場合に、チェックしておきたい5つの指標について解説します。

●①CPA（顧客獲得単価）

　CPAとは、商品購入や会員登録など、利益に繋がる1件のコンバージョン（申し込み）を獲得するのに掛かった広告コストを指します。基本的に「利益＞CPA」になっていれば、継続して出稿して問題ないでしょう。

　また、この利益はLTV（ライフタイムバリュー）で考える必要があります。LTVは、平均顧客単価（利益）と平均リピート回数を掛け合わせることで算出可能です。

　もしその顧客が一度の申し込みで1,000円の利益をもたらし、なおかつ平均5回リピートするのであればLTVは5,000円になります。この場合、初回のアフィリエイト報酬を4,999円まで支払っても黒字になります（もちろん、実際には作業にかかった人件費や経費などもあるので、こんなに単純ではありません）。CPAの設定をする際にはLTVを意識しながら決めるようにしましょう。

●②CVR（コンバージョン率）

　CVRとは、アフィリエイト広告がクリックされて自社の申し込みページ（ランディングページ）に訪れたユーザーが、商品購入や会員登録といったゴール地点にまで到達した割合を指します。

CPA

Cost Per Acquisitionの略で、獲得件数を獲得コストで割った数値。獲得1件につきどれくらいのコストがかかったかを示す。

CVR

Conversion Rateの略で、コンバージョン数をアクセス数で割った数値。ウェブサイトに訪問したユーザーのうち、コンバージョンに至るまでの割合を示す。

アフィリエイトリンクからの流入が100件あり、10件の申し込みがあった場合、CVRは10％となります。このCVRの数値は業界や商品の価格、ゴール地点（商品購入や無料申し込み）によって差があるので、目指したいパーセンテージを一概に言うことはできません。ただし、流入数に比してあまりに申し込みが少ない場合は、申し込みページに魅力がない、もしくはわかりづらいなどの課題を抱えている可能性があります。掲載メディアの記事内容と申し込みページの内容の差がありすぎる場合も、CVRが低くなる要因となるので、メディアの記事の修正をお願いする指標にもなります。

● ③CTR（クリック率）

CTRとはアフィリエイト広告がクリックされた率を指します。計算式は「広告のクリック数」÷「広告の表示回数」×100で算出されます。CTRが高いほど広告がクリックされているという指標になります。

こちらも具体的な目標となる数値はありませんが、CTRが低い場合は魅力的なクリエイティブ（バナー広告のデザインやテキストリンクの文言）になっていない可能性が高いので、クリエイティブ改善の指標になります。

メディア運営者側が特に持つ不満には、「バナーサイズのラインナップ（種類）不足」や、「テキスト広告で自由にテキストが選択できない」などがあります。広告のデザインやキャッチフレーズはクリック率に直結するので、バナー広告の色合いやサイズ、キャッチコピーは数パターン用意して、どの広告が一番クリックされたかを検証しましょう。

● ④承認率（キャンセル率）

承認率とは、メディア運営社のサイトからの申し込み（コンバージョン）に対して、広告主側が報酬の支払いを確定した割合のことを指します。

基本的には申し込みが成立したものに関しては承認して、二重決済や注文キャンセル、ルール違反行為での申し込みなどの場合には非承認にします。ほとんどの場合それほど大きな値にはならないはずですが、異常値が発生した場合は、なんらかのトラブルや不具合が生じている可能性が高いので、原因がどこかを追求しましょう。

● ⑤登録メディアの増減（提携申請数）

アフィリエイト広告はメディアに掲載してもらわなければ、クリックはもちろん、成果も発生しません。

CTR

Click Through Rate の略で、クリック数を表示回数で割った数値。ある広告やボタンがどれくらいクリックを誘導できているかを示す。

数多くのプログラムがひしめいているASPの中から選んでもらえるように、メディア運営者が興味を持ってくれるようなアフィリエイトプログラムを展開しましょう。

アフィリエイト広告だけでなく、自社のLPも見直そう

いくら広告の効果検証を行っても、自社の商品紹介ページ（ランディングページ）が貧弱では高い成果は見込めません。アフィリエイトリンクからのアクセスは多いものの申し込み数が低い場合（CTRは高いのにも関わらずCVRが低い）は、ほぼ間違いなくランディングページ(LP)に問題があります。

LPは顧客がその商品を欲しくなるように、写真や文章の構成などを魅力的に構築する必要があります。

☐ 見出し

見出しは、一番インパクトのあるフレーズを最初に持っていきます。あなたが訪問者（見込み客）に提示できる最大の約束事を宣言して、見込み客に「おっ!?」と思わせます。

☐ 小見出し

項目ごとに配置し、小見出しを読んだだけでもサービス／商品の内容が理解できる文章を記載します。

☐ 利便性

商品を使うとこんなによいことがある、あなたの悩みが解決されるなど、本文の中にこのサービス／商品を使って受けられるベネフィットやメリットを数多く載せます。

☐ 社会的証明

具体的な例を挙げると、顧客が語る「商品の感想」です。

☐ 権威性

人はその道の専門家の言うことは信用する傾向があります。もし知り合いに業界の有名人がいれば、なにか一言もらえないかお願いしてみましょう。

☐ 保証

万が一、なにかトラブルがあったときの交換や返金などを指します。ここでお客様に安心感を与えます。

☐ 行動の促進

人間はしっかりと促さないと行動しない傾向があります。「資料請求はこちらをクリック」と明示しないと動かないのです。訪問者にどうしてほしいのか、しっかりと記載しましょう。

世の中には数多くのLPが存在しています。複数のLPを見比べて、参考にできる要素を抽出し、改善につなげましょう。

訪問者は全部の利便性を読むことはなく、自分の気になったキーワードの箇所だけを読んでいきます。琴線に触れるようなキーワードを数多く盛り込むためにも、載せる利便性は多ければ多いほどよいです。

参考URL

ランディングページ集めました
http://lp-web.com/

タイアップ広告

section 01 タイアップ広告とは

広告には、広告主がクリエイティブを入稿する純広告とメディアがクリエイティブを作成するタイアップ（記事）広告があります。このCHAPTERではインターネット上における「タイアップ広告」の種類や仕組み、出稿時の注意点などを解説していきます。

タイアップ広告の種類

「タイアップ広告」とは、広告主がインフルエンサーや企業メディアなどと提携して制作する広告のことを指します。

タイアップ広告の形式は、記事メディアの場合は記事形式の広告、動画メディアの場合は動画形式の広告などのように、そのメディアで掲載している形式と同じフォーマットで広告を作成します。そのため、普段からそのメディアに触れているユーザーとの親和性が高く、商品の特徴や魅力を深く訴求することができます。

その他にも、タイアップ広告には以下のようなメリットがあります。

● メディア自体に紐づく信頼性を拝借できる
● メディアが持っている固定ユーザーへの拡散が期待できる
● コンテンツとして長くウェブ上に保管され長期的な資産となる

タイアップ広告は、商材とメディアの相性がよければ想定以上の効果を見込める広告形態です。一方で、出稿の際には広告主とメディアの関係性をきちんと明示する必要があります。これを怠ると消費者からの信頼を失うリスクもあるため、十分な注意と配慮が必要です。

CHAPTER5で解説した「アフィリエイト広告」もメディア側が記事を作成する広告ですが、違いは費用が成果に対してではなく、記事制作・広告掲載に対してかかる点です。

このCHAPTERでは次の3つのメディアの種類ごとにタイアップ広告の特徴や相性のよい商材、実施時の手順などを解説していきます。

- ●記事タイアップ広告
- ●SNSタイアップ広告
- ●動画タイアップ広告

ウェブメディアにおけるタイアップ広告の特徴

細かい内容に入る前に、まずウェブメディア上でタイアップ広告を実施する際の考え方について紹介します。

● 商品と伝え手の相性が重要

前述したようにタイアップ広告は商材とメディアの相性がよければ大きな効果を生み出します。そしてウェブメディアにおけるタイアップ広告の場合、メディアだけでなく伝え手であるインフルエンサーとの相性も大きく影響します。

インターネット上には、企業が運営するメディア以上に大きな影響力を持つインフルエンサーが存在します。インフルエンサーが熱意を持って商品が持つ魅力を伝え、その人と親和性の高い層に届けることができれば、手間を掛けない低予算の企画であったとしても高い広告効果を生むことができます。

一方、インフルエンサーと商品との相性が悪く、熱意が届かないような状態になれば、どれだけの手間と予算を掛けても高い効果は望めません。

つまりウェブメディアは、ほかのメディア以上に「誰が伝え手になるのか」が大きなポイントとなるのです。

● 準備段階で親和性のある組み合わせを設計する

相性のよさが効果に影響する以上、準備段階からその点を考慮しておく必要があります。まずは自社の商品やサービスと相性のよいインフルエンサーやメディアを、「どのように見つけて、どのようにアプローチするか」の計画を立てておきましょう。

相性のよいインフルエンサーを見つけるのは、手間も時間も掛かります。しかし、プロジェクトを成功に導くためには欠かせない存在なので、準備段階からきちんと設計しておくようにしましょう。

このCHAPTERでは、前段階での準備から、実施後の効果測定までの流れについて解説していきます。

section

01

タイアップ広告とは

section 02 記事タイアップ広告の特徴と効果測定

MdN ニュース

PR

IT 担当者に聞く
入れてよかったツール 5 選

ここではウェブ上で文章と画像を使用した「記事タイアップ広告」について解説をしていきます。記事広告は、雑誌や新聞などのメディアでもよく使われていた広告手法です。ただし、同じ記事広告でもウェブメディアならではの特徴があります。

記事タイアップ広告の特徴

記事タイアップ広告は、インターネット上で展開されているタイアップ広告の中でも歴史が古く、紙メディアでも一般的に利用されてきた手法の一つです。文章と画像を中心に構成される「ウェブ記事」の制作をメディア側に依頼して、日時を指定の上、メディア内に掲載します。

● コンテンツの自由度が高い

同じ記事広告でも、紙媒体である雑誌や新聞にはスペースに限りがあるので、文字数や図版・画像の数にも制限があります。一方、ネットの「記事タイアップ広告」では、基本的に文字数や画像点数の制限はありません。そのため、広告主やメディアの書き手が伝えたい内容を豊富に盛り込むことができます。また、制作したコンテンツの修正も容易なので、その時々に応じたメッセージを読者に伝えやすい広告形式だと言えるでしょう。

● 高い専門性とメディアに紐づく固定読者

企業メディア・個人ブログ含め日本中には無数のメディアが運営されており、その中には高い「専門性」と「熱心（コア）な読者」を抱えたメディアも多く存在します。単純に「規模」だけでメディアを選ぶのではなく、メディアが持つ個性や紐づく読者を検討した上で、広告設計や出稿料金を考えることが重要です。

この「専門性」「コアな読者」「規模」という、メディアの3要素を

ネット広告におけるすべて記事タイアップ広告が無制限になるわけではありません。例えば、Twitterには140文字以内という制限があります。
また、「記事が長すぎると離脱率が高くなる」、「他記事とのバランスが悪い」などの理由で、文字数や画像点数を制限しているメディアもあります。

掛け合わせると、規模の小さい個人メディアの方が企業運営の大手メディアよりも大きな広告効果を生むようなケースも起こり得るのです。

その代表的な例として、個人メディアである「Publickey」01を紹介します。「Publickey」は2009年から運営されているITエンジニア向けの情報を集約した個人メディアです。サーバーの障害情報やOSアップデートにおける注意点など、特定のエンジニア向けの専門的な情報を頻度高く更新しています。そのため、同領域に関心の高い読者が局所的に多く集まっています。「インフラ周りのITエンジニア」というコアなユーザーを保有しているため、サーバーの運営会社や開発者向けツール会社、IT領域の転職サイトなどからの広告出稿が絶えず行われています。

このように自社のサービスと親和性の高いコンテンツやファンを持つメディアを見つけることができれば、高い広告効果が期待できます。タイアップ広告を成功させるためには、出稿における適切なメディアを選ぶことが特に重要です。

01 Publickey

https://www.publickey1.jp/blog/19/aws9spotinstpr.html

● ネット上に残り続け見込み客を流入させ続ける

メディアの規約によっても異なりますが、一般的に一度制作したタイアップ記事は、ネット上に残り続け半永久的に見込み顧客を流入させるランディングページとしても機能します。

制作した記事コンテンツが特定の検索ワードで検索エンジンに上位表示される可能性もあります。そうなれば、リスティング広告と同等かそれ以上の流入を期待できます。見込み顧客をオーガニックの検索で自社サイトに誘導する施策として「記事タイアップ広告」は機能するのです。

表示やクリックごとに掲載料が発生する運用型広告とは異なり、長期的に資産として活用することができるのは「記事タイアップ広告」が持つ大きなメリットの1つです。

● 記事タイアップ広告の懸念点

　記事タイアップ広告には初期費用に一定のまとまった金額が必要(料金は後述)です。運用型広告は「少額で始めて徐々に増額」など費用の調整ができますが、記事タイアップ広告ではそれができません。また制作するコンテンツや掲載のタイミング、SNSのシェアによって閲覧数が大きく変動するので、効果の予測が立てづらい点にも注意しましょう。これらについては、広告主とメディア側で事前にしっかりと目標の数値を設定しておくようにしましょう。また、企画・構成、取材、ライティングなど、記事の制作にも一定の期間を要するため、余裕を持ってメディア運営元へ相談することをお勧めします。

記事タイアップ広告が向いている商材

　それでは、記事タイアップ広告に向いている商材について、いくつかピックアップしてみましょう。

● 高単価でプロダクト・ライフサイクルが長い商材

　「記事タイアップ広告」には、ネット上に長く残り機能するという特徴があります。「検索エンジンの検索結果にも表示される」、「情報量が多く専門性の高い内容を盛り込むことができる」という観点から、商材は単価が高く、プロダクト・ライフサイクル(PLC)の長いものが比較的相性がよいとされています。

　高関与商材は、高確率でユーザーが検索エンジンで検索をして、ユーザーレビューや口コミを参考にした上で意思決定を行います。その導線上に商材の魅力を伝えることのできる記事コンテンツがあれば、読者の意識を自社の商材へと向けることができ、購買への繋がりを期待できます。

　具体的な例としては、電化製品や高級時計のような高額商品、BtoB向けの原料メーカーやインフラ関連サービスなどの商材が挙げられるでしょう。

● ブランド価値に重きを置いている商材

　記事タイアップ広告は、純広告と異なり掲載面を明確に指定できます。不適切な掲載面に広告が掲載されることを避けてブランドイメージを守りたい、といった場合にも記事タイアップ広告は有効な手法です。

　半永久的に記事が残って活用できるという点からも、コンテンツ内の情報と実売の商品に乖離が起きにくい、プロダクト・ライフサイクルが長めの製品を選んで出稿するようにしましょう。

プロダクト・ライフサイクル(PLC)

市場に投入してから寿命を終えて衰退するまでのサイクル。

高関与商材

購入時に他との比較検討などの、消費者の思考が関与することが多い商材。他と大きな差がなく、どれを購入しても大差ないような商材は低関与商材という。

記事タイアップ広告の実施の手順

　一般的な記事タイアップ広告の場合、**02**の手順で進行をしていきます。それぞれについて簡単に解説しましょう。

02「記事タイアップ広告」実施の手順

● 案件相談

　前述の通り、記事タイアップ広告は自社の商材と親和性の高いメディアを選定して、案件実施の相談を提案していきます。心当たりのメディアがない場合は、「上位表示をさせたい検索キーワードで記事が表示されているメディアを探す」、「メディアを取りまとめているハブ企業に問い合わせをする」などの方法を試してみてください。なお、案件について問い合わせる際には、下記の情報を記載しておくと返信率が上がり、以降の進行も円滑に進められます。

- ●PRしたい商材・概要
- ●掲載希望時期
- ●掲載・制作費用目安
- ●期待している効果

● スケジュールと予算

　スケジュールと予算の目安としては、記事の制作期間に約1〜2か月、掲載費用は個人メディアの場合は10〜50万円前後、企業メディア場合は数百万円程度となります。念のため、余裕を持ったスケジュールと予算で進めておくようにしましょう。

● 企画内容決定

　案件相談後、メディアから返事があれば実施に向けて企画内容を検討する段階に入ります。広告主としての希望を伝え、メディアから企画の提案を受けます。なお、希望を伝える際は数を多数詰め込みすぎないように気をつけてください。

人気があるメディアほど毎日のように案件の相談が送られてきます。問い合わせをしても返信がないこともよくあるので、その点については覚悟をしておきましょう。

メディアの特色やユーザー層を一番理解しているのは、そのメディアの運営者です。あまりに制限を増やしてしまうとメディアの特色が出ず、結果的にタイアップ広告のよさが消えてしまいます。最低限押さえたいポイントやメッセージなどを伝えるくらいがちょうどよいバランス感です。

● 制作

企画の内容が決まったら、次にコンテンツの制作に入ります。企画の大枠の方針や内容に関しては前述したとおりメディア側に任せた方がオリジナリティのある企画が生まれやすくなります。ただし、内容が決定し制作に入る段階では具体的な詳細項目までチェックすることをお勧めします。

● 修正

記事コンテンツの初稿が上がってきたら、内容の修正に入ります。メディアは伝え方のプロなので、表現や言い回しなどについては任せてもよいでしょう。しかし、商材自体の知識は広告主にはおよびません。製品の詳細なスペックや発売時期などの情報はクライアントである広告主側が細かく確認すべきです。軽微な修正であれば数営業日で対応可能ですが、修正の範囲が大きくなり、他部署への確認が必要になると対応に時間がかかるので、余裕を持ったロードマップを引いておくようにしましょう。

特に取材・撮影が必要な写真素材や、インタビューコンテンツの質問項目などはコンテンツ作成後に修正が難しいため、事前に納品物のイメージをメディアと綿密に検討・共有しておくようにしましょう。メディアによっては修正の回数や範囲に制限がある場合もあるので、事前確認が必要です。

● 公開

修正を終え、クライアントとメディアの双方で確認が完了したら、日時を決めてコンテンツを公開します。ここで注意したいのは、メディアごとにユーザーが反応しやすい曜日や時間帯が異なる点です。

ビジネス系のニュースメディアであれば、平日の方がアクセスが多く、趣味領域のメディアであれば休日が多くなるなど、メディアごとに特性が大きく変わります。また、平日であれば12時〜13時が伸びやすいなど、時間帯による差異も存在します。製品の発売日やイベントの開始日に合わせるなど、やむを得ない場合は仕方がありませんが、特に指定がない場合はメディアのアクセスピークに合わせて公開日を設定するようにしましょう。

● 拡散

記事タイアップ広告は、公開して終わりではありません。むしろ公開後にどのような行動を取るかによって広告の効果が大きく変わってきます。記事がメディア内に掲載されれば、メディアの固定ユーザーの目には触れます。しかし現在では各メディアと

SNSが密接に連携をしています。SNSでの2次拡散によって、さらにアクセス数を上乗せすることが可能です。

メディアが保有するSNSで拡散をしてもらいつつ、広告主側でも公式のSNSがあれば拡散の補助をする、反応してくれたユーザーへお礼のコメントをするなどで、アクセス増加やユーザーのファン化を促すことができます。自信が持てるコンテンツが作成できたのであれば、それを最大限活用できるようにメディアと協力して行動しましょう。

● レポート

公開が終了した後はメディア側より掲載結果のレポートが送られてきます。1週間後や1か月後など、メディアによって集計の期間は異なりますが、こちらの数字を元に次回の出稿を検討していくものなので、事前にどのような内容が送られてくるのかを質問しておきましょう。

もし、オーガニックでの拡散に限界がある場合には、他のCHAPTERで解説している「SNS広告」や「運用型広告」と組み合わせて拡散していくことも検討しましょう。作成したコンテンツは優秀なランディングページとしての機能を果たすこともあります。可能であれば記事からのリンク先となるランディングページについても、様々な手法を使い補助をしていきましょう。

記事タイアップ広告の効果測定

続いて、記事タイアップ広告の効果測定方法について解説していきます。

大まかに記事タイアップ広告において評価・検証の材料になる項目は下記のとおりです。

- 記事コンテンツのページビュー / ユニークユーザー
- 記事コンテンツ内のユーザー滞在時間
- 記事コンテンツ内のユーザー閲覧ページ数
  （複数ページある場合）
- 記事コンテンツ経由の商品購買数（取得できる場合）
- SNSシェアの内容
- ユーザーアンケートによる定性的な評価
- 検索エンジンでの表示順位

● 数字で検証する

比較しやすいのは「記事コンテンツのページビュー / ユニークユーザー、ユーザー滞在時間、ユーザー閲覧ページ数」などの数字で把握できる内容です。「ページビュー」や「ユニークユーザー（ページに訪れた実際の人数）」が多ければそれだけたくさんのユーザーにコンテンツが届いたという「広さ」がわかります。「滞在時間」や「閲覧ページ数」「商品購買数」はユーザーの商品・コンテンツに対する「興味の深さ」を推測できます。

以前に記事タイアップ広告を実施したことがあるのであれば「その時の値と比較」したり、もし実績がなければそのメディアが過去に行った「同ジャンルの商材のコンテンツ」と比較をしたりして、良し悪しを判断していきましょう。

● コメント・アンケート結果など定性的な評価基準で検証

　記事タイアップ広告は「コンテンツを提供する」という点で、運用型のバナー広告とは異なる広告手法です。なので、そのコンテンツがどれだけ人の心を動かしたか、記憶にどれだけ残ったか、という定性的な部分でも判断をしていく必要があります。

　これらを検証するために、記事コンテンツに対する「SNSシェアの内容」や「ユーザーアンケートを使った定性的な評価」を調査するようにしましょう。

　記事タイアップ広告は、他の広告手法と比べると、数字で評価できない項目が多いので判断が難しい広告です。しかし、「商品の詳細を語ることができる」「メディアのコアなユーザーを狙い撃ちできる」「検索面のオーガニックの集客を見込める」という点では、他にないメリットがあるので、適正な商材をお持ちの場合はぜひチャレンジしてみてください。

前述の通り「記事コンテンツ」は検索エンジンの検索結果に表示されるという特性があるため、短期的な目ではなく3ヶ月～半年、できれば1年程度の長い目で評価をする必要があります。検索エンジンの評価は短期間では変化しません。1年前に制作したコンテンツがじわじわと順位を上げ、検索上位に表示されるということもよくあります。

記事タイアップ広告の事例

　最後に、「記事タイアップ広告」の項目の掲載例を、企業メディア・個人メディアに分けて紹介します。

● 企業メディアの事例（WIRED）

　「WIRED」 **03** は国内外に向け最新のテクノロジー情報やカルチャー・ライフスタイルのトレンドを発信しているメディアです。メディアとしての歴史も古く、ファン層のリテラシーも高いので専門的な知識を必要とするコンテンツもきちんと読み込んでもらえます。「WIRED」でも記事タイアップ広告を展開しており、1企画あたり200万円ほどの金額から実施可能です。このような大手ウェブメディアを活用するメリットには、サイト全体の規模が大きいことによる広告コンテンツへのアクセス保証が挙げられます。プランにもよりますが数千～数万単位のアクセスを確実に担保し、広く情報を伝えることができます。

刺激的なタイトルや挑発的な内容のコンテンツを制作すれば確かに上記の「ページビュー」や「滞在時間」は稼げるかもしれません。ですがそのコンテンツは、商材の知名度やイメージをアップするための「広告」として成功と言えるのかは疑問です。数字では見えてこない心理的な側面も踏まえてコンテンツを評価していくことを心がけましょう。

● 個人メディアの事例（CAFICT）

　企業が運営するメディアはリーチが広く権威性もありますが、その分広告出稿の費用もかさみます。一方で個人が運営するメディアに目を向けると、規模は小さいながらも高いクオリティと専門性・ファンとの親密な関係を築いているメディアが多数あることに気がつきます。個人メディアへの出稿費用は規模によって大きく異なりますが、10万円前後から相談できるメディアも多いので、比較的出稿のハードルが低いのが特徴です。

04 は台湾のコーヒー器具メーカーとCAFICTがタイアップで作成したコンテンツです。

このコンテンツは著者(堀口・平岡)の運営する株式会社ドリップがクライアントとメディアの間にディレクションとして入り制作したものです。「専門的な知識を交えた製品の解説」、「メディアに紐づくコアな読者に届けられた」という点に加え、特にクライアントから評価をされたのは紹介する写真のクオリティでした。

CAFICTを始め、人気がある個人メディアの中には職業カメラマンと同等と言っても過言ではない品質のクリエイティブを制作できるメディアも存在します。このコンテンツで使用された写真はクライアント側でも広告素材として二次利用されるなど、高い評価を受けています。

メディアの特性や読者を見極めることができれば、規模や予算の小さな個人メディアでも期待以上の効果を出すことができるので、記事タイアップコンテンツを制作する際は広い視点でメディアを探してみてください。

CAFICT
https://cafict.com/

「CAFICT」は、コーヒーやコーヒー器具、カフェなどの情報を伝える個人メディアです。ケトルやグラインダーのような器具の情報を中心に掲載しており、コーヒーの分野において専門性と強固なファン層を持ちあわせています。検索エンジンにおいても、コーヒーに関連する複数のワードで記事が上位表示されています。もし商材がコーヒー関連、もしくはコーヒーが好きな人に受け入れられやすいものであれば、長期的な目線で見ても掲載価値が見込めるメディアです。

03 WIRED

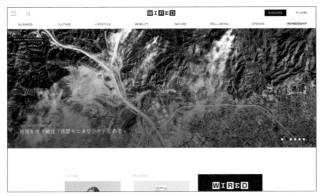

https://wired.jp/

04 CAFICTの記事タイアップ広告例

https://cafict.com/make-coffee/coffee-tools/tamago/

記事で使用している写真の例

section 03 SNSによるタイアップ広告

SNSタイアップ広告は、インフルエンサーや企業アカウントなどと提携し、広告コンテンツをSNSに投稿してもらう広告形式です。SNS上のユーザー投稿と同じ形式で広告を出稿できるので、自然な形で製品をアピールできます。またリツイートやいいねでユーザーからの反応が返ってきたり、そこからの拡散も見込めます。

SNSタイアップ広告の特徴

SNSタイアップ広告には、大きく分けて以下に挙げる4つの特徴があります。

①拡散性が高い

SNSタイアップ広告の特徴は各プラットフォームで情報が拡散しやすいことです。基本的に投稿した広告コンテンツを閲覧するのはそのアカウントのフォロワーや登録者のみですが、いいねやリツイート機能によりユーザーのワンタップで情報が広まっていく可能性があり、投稿者の影響力を超えて情報が拡散していくことが期待できます。

他の媒体に比べて短期的なリーチや露出を獲得しやすい広告がSNSタイアップ広告といえるでしょう。

②話題作りに長ける

商品認知を短期間で増やしたり、流行感の演出といった話題作りに長けているのもSNSタイアップ広告の特徴です。事前に商品を提供して、発売初日に複数のインフルエンサーにその商品について投稿してもらう、といった手法もよく見られます。

こうした話題作りを得意とするSNSタイアップ広告では、1回のキャンペーンで複数のメディア（SNS）やアカウントで同時に実施することが多いようです。

TwitterとInstagramそれぞれでキャンペーンを展開したり、1

CHAPTER2で解説したSNS広告との違いは、SNS広告がSNSプラットフォームに広告費を支払って自社のアカウントからコンテンツを流すのに対し、SNSタイアップ広告ではインフルエンサーやメディアなどの第三者のアカウントからコンテンツを投稿してもらう点です。広告費の支払先はインフルエンサーやメディア（またはプロダクションや代理店）となり、SNS広告とは違って表示のされ方も通常の投稿と同等になります。

つのSNS内で複数のアカウントに依頼して広告コンテンツを投稿することで、ソーシャル上での盛り上がりを作り出すことができます。

● ③短納期で出稿できる

SNSは1度に投稿できる文字数や写真数に上限が設けられています。他の媒体でのタイアップ広告に比べて広告コンテンツの制作に掛かる時間が比較的短期間で済むことが多いのもSNSタイアップ広告の特徴です。

● ④フロー型で情報鮮度が高い

TwitterやInstagramは常に情報が流れていくフロー型のメディアです。情報鮮度が常に高いフロー型メディアでは即効性のある広告反応が期待できます。反面、情報のストック性は低く広告効果も一時的なものになる可能性もあります。

SNSタイアップ広告が向いている商材

続いて、SNSタイアップ広告に向いている商材について紹介します。

● 低単価の衝動買い商材

前述の通り、SNSでのタイアップ広告は短期的に話題を作りやすいことが特徴です。そのため、広告に接触して衝動買いできる低単価の商材や製品サイクルが短い製品に向いています。逆に検討期間が長い商材や高単価商材は、情報の検索性が低いSNSタイアップ広告と相性がよくないことが多いです。

● 若年女性との親和性が高い

F1層と呼ばれる若年女性はトレンドに敏感で、特にSNSを積極的に利用している傾向にあります。こうした若年女性の関心が強いコスメや日用品などの商材はSNSタイアップ広告との親和性も高いといえるでしょう。

F1層
20歳〜34歳の女性層を示すマーケティング用語

SNSタイアップ広告の実施の手順

SNSタイアップ広告では企業が運営するアカウントよりも、インフルエンサーなどの個人アカウントと提携して広告を実施するケースが圧倒的に多いです。案件実施までの大まかな流れは **01** (次ページ)のようになります。

①提携依頼内容を決定

まず提携先メディアやインフルエンサーへ依頼する内容を決定します。

広告コンテンツ内で特に触れてほしい内容や必須の掲載事項、コンテンツ公開時期、タイアップ報酬などを社内で協議します。

特にインフルエンサーなど個人相手に提携を依頼する場合、案件に関わる守秘義務や納期を明記しないとトラブルにつながることもあるので注意が必要です。

また報酬の金額によって提携可否を判断するインフルエンサーも多いので、あらかじめ記載しておくと後々のやりとりがスムーズになります。報酬は一律ではなく、フォロワー数や影響力を加味して個別で設定することが多いです。

②提携を依頼するアカウントのリストアップ

依頼内容が決まったら、実際に提携を依頼するアカウントの選定に入ります。まずは候補になりそうなアカウントをリストアップし、商材との相性や影響力などによって実際に依頼する相手を絞り込んでいきます。

どのインフルエンサー・アカウントに提携を依頼するかについては、単にフォロワー数だけでなく総合的に判断することが重要です。商材が依頼相手の普段の投稿内容や世界観とマッチするかといった相性はもちろん、ネガティブな投稿や発言が多くないかといったリスク対策の観点も必要です。

③提携を依頼する

提携相手を選定したら、実際に提携依頼を開始します。依頼にあたっては各SNS内のメッセージ機能からDM（ダイレクトメッセージ）を送る方法が一般的ですが、中には問い合わせ用のメールアドレスを記載しているアカウントもあります。

多くのインフルエンサーを抱えるプロダクションを通じて提携アカウントを探すこともできます。この場合はアカウントのリストアップや、その後の進行もプロダクション経由で行います。代表的なインフルエンサープロダクションとしてはCyberBuzzや3MINUTESなどがあります。

CyberBuzz
https://www.cyberbuzz.co.jp/

3MINUTES
https://www.3minute-inc.com/

近年ではお金を払えば金額に応じたフォロワーを「購入」できるため、フォロワー数がそのまま本人の影響力を表すとは限りません。フォロワーからのエンゲージメントの高い、本当の意味でのインフルエンサーを見つけることがSNSタイアップ広告の成功の鍵となります。

CHAPTER 6
タイアップ広告

● **④詳細な内容について協議**

　提携が決まったら、コンテンツ内容やその後の進め方など、詳細について協議していきましょう。

　①で作成した依頼内容に沿って、実際にどのような広告コンテンツにするかを擦り合わせたり、場合によっては商品を送って実際に使ってもらう準備を進めましょう。

● **⑤広告コンテンツを作成**

　協議で内容が固まったら、提携先メディアやインフルエンサーが実際に広告コンテンツ作成に入ります。

　日々自身のフォロワーやファンとコミュニケーションを繰り返しているアカウント運営者やインフルエンサーは、どういうコンテンツが自分のフォロワーに受け入れられやすいかをよく理解しています。また、SNSでは「広告色」が強くなるとユーザーから敬遠される傾向がありますが、インフルエンサーはその辺りのバランス感覚も掴んでいるので、ある程度の方向性だけを指示したらコンテンツの細部に関してはできる限り一任しましょう。

● **⑥コンテンツの確認・修正指示**

　コンテンツ作成完了後は投稿前にクライアントが内容を確認し、必要に応じて修正指示を出します。この時も必要以上の修正対応は極力避けるようにしましょう。

● **⑦公開**

　修正が完了したら、あらかじめ設定した期日に広告コンテンツをSNSに投稿・公開してもらいます。複数人で同時にキャンペーンを行う場合は、公開時間を揃えると盛り上がりを演出しやすいです。

● **⑧一定期間後に結果をレポート**

　公開後は事前に設定した期間終了時に結果のレポーティングを行います。ここでのレポート内容などは次項で詳しく解説します。

　①～⑦までの実施フローは、通常2～4週間ほどの間で行います。1アカウントごとに支払う報酬金額は1件数万円～数十万円と、他媒体のタイアップ広告と比べると低単価に収まることが多いようです。もっとも前述の通り1アカウントだけでタイアップ広告を実施するケースは少なく、複数のアカウントで同時にキャンペーンを実施することを考えると、最終的な予算は数百万円ほどになることも少なくありません。

SNSタイアップ広告の効果測定

　SNSタイアップ広告の効果測定では、一般的に投稿のリーチ数やサイトへの集客数などの指標をKPIに設定します。またSNSの特性を利用した定性的なユーザーからの反応も大切な指標になります。

● 定量的な指標

　SNSタイアップ広告における効果測定では投稿のリーチ数やいいね数、投稿経由でのサイト集客数などが使われることが一般的です。

　また、これらの一般的な指標以外に、各SNS独自の指標をKPIとして活用することもあります。

　例えばTwitterの場合はリツイート数や、投稿へのエンゲージメント総数といった独自指標があります。Instagramの場合はストーリーズでのシェア数やコレクションへの保存数も広告接触者の反応を測る重要な指標となります。

　TwitterやInstagramではアカウント主が投稿の結果を確認できるアナリティクス機能が備わっているので、その画面を共有してレポーティングを行うケースが多いです。

　SNSが違えばユーザーの期待値やコンテンツへの接触傾向は変わってくるものです。それぞれのメディア特性に応じたKPIを設定し、正しく広告効果を測定することが重要です。

SNSの指標についてはP84を参考にしてください。

● 定性的なユーザーからの反応も重要な指標の1つ

　こうした定量的な指標だけでなく、定性的なフィードバックも効果測定の上では参考になります。SNSは他のメディアと違い、企業と個人、インフルエンサーとファンが簡単に繋がれるため、企業アカウントやインフルエンサーに対して気軽にコメントやリプライで意見や感想を返してくれるユーザーも多いです。

　そうした広告コンテンツへの率直な感想は、数字やデータでは測れない生の声として今後の広告展開の参考となります。ユーザーと近い距離感で情報を届けられたり、コミュニケーションできるのもSNSタイアップ広告の魅力です。

SNSタイアップ広告の事例

　ここからは企業アカウントによるSNSタイアップ広告と、インフルエンサーの個人アカウントによるSNSタイアップ広告の事例を紹介します。

● 企業アカウントの事例

「cocoronedays」は「うつわで暮らしに彩りを」をコンセプトとする Instagram アカウントです。暮らしを楽しむ女性に向けて、テーブルコーディネートやうつわの情報を発信しています。

cocorone がキリンとのタイアップで行った 02 の投稿は、友人とのホームパーティをイメージした大皿テーブルコ―ディネートをテーマに制作されています。広告商材であるキリンのビールを過度に訴求するのではなく、テーブルコーディネート・うつわ・料理という cocorone の普段の発信に溶け込む形で商品を紹介しています。

● 個人アカウントの事例

「nonnoroom」は Instagram で8.1万人（記事執筆時）のフォロワーを抱える人気の個人アカウントです。インテリア情報や生活雑貨、自炊レシピまで暮らしに役立つ情報を発信しています。企業の運営するアカウントとは異なり、飾らない等身大で真似しやすい投稿が人気の秘密です。

03 の投稿は nonnoroom が花王と一緒に行ったタイアップコンテンツです。普段から同社の製品を愛用するアカウント主が、使ってみて感じたリアルなレビューを投稿することで情報に説得力や信頼感が生まれます。

広告主側がメッセージを作り込みすぎるのではなく、インフルエンサーに一任することで、第三者効果で広告効果が高まるタイアップ広告の好例です。

02 「cocoronedays」のSNSタイアップ広告例

03 「nonnoroom」のSNSタイアップ広告例

section 04 動画タイアップ広告について

CHAPTER4ではYouTube上のツールを利用した動画の前後・中間に流れる運用型の動画広告について紹介していますが、ここではクリエイターが広告コンテンツを自ら制作し、自身の保有するチャンネル内で公開をするタイアップ型の広告について紹介します。

動画タイアップ広告の特徴

動画タイアップ広告の場合、他とは異なる動画ならではの特徴があります。その代表的なものをいくつか紹介します。

● 動画タイアップの主流はYouTube

現在、動画をシェアできるプラットフォームとしては、TwitterやInstagram、Tik Tokなど様々なサービスが存在します。映像と音声でユーザーの興味を惹きつけるリッチなコンテンツを制作できるので、現在のウェブマーケティングで注目度の高い領域の1つです。ただし、プラットフォームごとにタイアップ広告の出稿は増えつつあるものの、その主流はYouTubeです。そこで、ここでは主にYouTubeに絞って解説を進めていきます。

● 没入感のあるリッチなコンテンツ

動画タイアップ広告の特徴は、音声とモーションという人間の感覚を刺激する要素が加わった、よりリッチなコンテンツで見る人にアピールできる点です。

文章や写真によるコンテンツは、静止した視覚情報のみです。動画は、音や動き、人の喋り声や表情の変化なども加わった形で視聴者にアピールできるため、格段に記憶や印象に残りやすくなる強力なコンテンツフォーマットなのです。

近年動画マーケティングが注目されている要因には、YouTubeというプラットフォームの拡大と、通信端末の通信速度の向上が大きく寄与していると言われています。2020年には日本でも本格的に5Gが通信規格の1つとして実用化されるので、より動画を手軽に見ることができるようになります。動画コンテンツは、すでに現在でも人気があるフォーマットですが、今後まだまだ伸びしろのある領域だと言えるでしょう。

● プラットフォーム上での拡散

YouTubeを使った動画タイアップ広告のメリットとして、YouTubeという巨大プラットフォーム上での拡散が見込めることがあります。YouTubeではユーザー1人ひとりに合わせて「あなたへのおすすめ」という動画のリコメンドが表示されます。普段ユーザーが視聴している動画やブラウザの閲覧履歴に紐付いて表示されるもので、チャンネル登録者以外のユーザーにも広く拡散されます。また、他チャンネルの動画の関連動画として自身の動画が表示されることもあり、視聴機会を広げるチャンスが豊富に用意されています。タイアップコンテンツを依頼する際には、チャンネルの規模や商材との相性を見ることに加え、世の中のトレンドや有名チャンネルの関連動画を意識していくと作成したコンテンツが拡散されやすくなるでしょう。

動画タイアップ広告が向いている商材

続いて、動画タイアップ広告が向いている商材についていくつか紹介しましょう。

● 子供からお年寄りまで幅広いターゲット層

YouTubeを利用した動画タイアップ広告が優れている点は、視聴者の年齢が幅広く、全年齢的に訴求ができることです。記事コンテンツやSNSと異なり、「ながら見」などで受動的に情報を取得することができます。視聴のハードルが低く、気軽に情報に触れられる媒体です。特に、ほかのSNSに触れることの少ない小中学生層や高齢者にもアプローチできるのはYouTubeの大きな強みです。子供向けのおもちゃや文房具、高齢者向けのマッサージ器具など、上記のターゲット層に絞った商材は特に相性がよいと言えるでしょう。

子供や高年齢層に限らず、YouTubeはすべての年齢層で多くのユーザーを抱えています。商材と相性のよいチャンネルを見つけることができれば、どの年齢のターゲットにもアプローチが可能となる汎用性の高いプラットフォームなのです。

● 海外を視野に入れた商材も

YouTubeはGoogle傘下の世界的なプラットフォームです。そのため、日本のみならず海外を意識したプロモーションにも活用できます。各国ごとに異なる言語の字幕を表示する、文字情報を国ごとに設定するなどのツールが初めから用意されているため、手間なく海外へのアピールが可能です。

動画タイアップ広告の実施手順

続いて動画タイアップ広告の実施手順 **01** について解説していきます。基本的には他のタイアップと変わらず下記の流れで進めていくのが一般的ですが、動画タイアップ広告作成時に特に注意したい②〜③のポイントを見てみましょう。

01 動画タイアップ広告の実施手順

● 企画内容決定→制作

動画コンテンツの制作において一番重要になるのが、企画内容決定後、制作に移る前段階でのブリーフィングです。動画コンテンツは音声も含め撮り直しが難しく、公開後は修正がほぼできません。なので、記事コンテンツよりも入念に、必要なカット・要点の指示を行う必要があります。企画内容の段階で絵コンテや類似のイメージ画像などを共有し、媒体側に希望のイメージを可能な限り伝える努力が必要です。これらの理由から、制作にかかる時間も長めに取ることをお勧めします。

依頼をする場合は、最低でも1か月ほどの余裕を持つようにしましょう。金額もほかのコンテンツフォーマットに比べて少し高価で、数十万円から、人気のチャンネルであれば1企画当たり1,000万円を超えることもあります。

動画タイアップ広告の効果測定

動画タイアップ広告の効果測定に関しても大別して下記の2つに分類できます。

● 数値など定量的な評価基準

他のプラットフォーム同様、YouTubeを使った動画タイアップ広告も数字による評価が前提となります。

- 視聴回数
- 合計視聴時間
- 1人あたりの平均視聴時間
- 高評価・低評価の数

動画プラットフォームとしてYouTubeが優れている理由には、これらの数値がプラットフォーム上で統一された基準、同じ粒度で確認できる点が挙げられます。タイアップ広告では各メディア

ごとにレポートで報告される項目や数値の測定基準が異なる場合があります。そのため、メディアを横断しての比較が難しいのです。しかしYouTubeの場合、1つのプラットフォーム上での比較となるためチャンネル間での差異を見やすく評価を判断しやすいのです。

● **コメント欄におけるニーズの発見・定性評価**

　動画へのコメントが集積しやすい仕組み・文化が確立されている点もYouTubeの強みです。動画の内容や商材に関する率直な意見が集まるので、次回商品開発のアイデア、新規顧客ニーズの発見等、顧客調査の一環としても活用することが可能です。

動画タイアップ広告の事例

　ここでは動画タイアップ広告の事例の1つとしてガジェット系YouTubeチャンネル「KICS」を紹介します。

　02 の動画はスマートフォン向けのブラウザアプリ「Smooz」を紹介するものです。本書執筆時点（2019年12月）で5万再生を超えており、高評価率が90％と製品の魅力を広く好意的に伝えられていることがわかります。

　個人メディアは、タイアップ企画が始まる前に投稿者とクライアントの関係が高い段階で築かれています。投稿者自身がその商材に対し好感や熱意を持ち合わせているという、モチベーションはタイアップを行う際に一番重要な点です。

　すでに自社商品を紹介してくれているYouTubeチャンネルがあれば積極的に声を掛け、友好な関係を構築しておくことを心がけましょう。次回の新商品の発売時やほかの商品のタイアップ相談時に話が進みやすく、視聴者から見ても受け入れやすいコンテンツが作成できます。

02 「KICS」最強のiPhoneブラウザをお教えします

https://www.youtube.com/watch?v=gPlToZF7jRA

KICS

「KICS」では主にiPhoneやMacなどApple製品を中心に紹介しており、紐づくユーザー層との親和性が高いメディアです。

YouTubeに限らず、どのメディア・インフルエンサーに対しても、その商品を紹介するための「文脈」を作るところから考えてアプローチをしていくことが大切です。「タイアップ広告」では企画を相談する前の段階を重視しましょう。

section 05 タイアップ広告のKPI設定と メリット

BRANDING

REACH

OUTSIDER

ここまで様々な形式のタイアップ広告について解説してきました。ここでは、タイアップ広告におけるKPI設定の考え方と、タイアップ広告を実施するメリットについて解説します。と同時にタイアップ広告を実施する際に気をつける点についてもお伝えします。

タイアップ広告におけるKPI設定の考え方

　広告施策を実施する際に重要なのは、その施策目的を明確にし、その目的に沿ったKPIを設定することです。ではタイアップ広告はどのような目的で実施し、その効果をどのような指標で計測すればよいのかについて解説します。

● 短期的な費用対効果を狙うには適さない

　広告の現場では暗黙のうちに「インターネット広告＝コンバージョン（成約）を取る」と考えられることが多いようです。しかし、タイアップ広告はその特性から短期の成約を目的とした実施はお勧めしません。

　成約率を重視しすぎると、制作する広告コンテンツに「広告色」が強まってしまう傾向があります。そのようなコンテンツは、読者からの嫌悪感を招くことにもつながります。

　短期的なCV（成約数）やCPA（広告の費用対効果）をKPIとして求めるのであれば、CHAPTER1で解説しているリスティング広告や、CHAPTER3で解説しているディスプレイ広告など、ほかの形態の広告を利用するのが一般的です。

● ストック性を利用して中長期的なKPIを設定

　通常の広告と異なり、タイアップ広告は情報としてのストック性が高く公開後も比較的長期にわたって閲覧されます。メディアとの交渉次第ですが、記事を自社のウェブサイトに転載したりリ

これまでのCHAPTERでも述べてきたように、インターネット広告には大きく分けて「成果獲得」と「認知拡大」の2つの目的があります。タイアップ広告の中心は後者です。もちろん、企業活動の目標は最終的には「成果獲得」となりますが、認知拡大施策によってより多くの人に知ってもらうことで、成果獲得のスケールもより大きくなります。

ンクを貼ったりして、自社のコンテンツとして二次利用することも可能です。

このストック性を活用して中長期的な視点で効果を計測することが重要です。KPIにもPV（ページビュー）数や自然検索からの流入数など、コンテンツとしての中長期的な集客価値を計測できる指標を盛り込んでもよいでしょう。

● ほかの広告施策と組み合わせた複合的な展開も可能

タイアップ広告は提携先メディアで公開して終わりではなく、ほかの広告施策と組み合わせて二次利用できる特徴を持ちます。

具体的にはタイアップ広告で制作したコンテンツをディスプレイ広告のランディングページとして活用したり、SNSタイアップ広告の投稿をSNS広告で露出強化したりといった方法が考えられます。

タイアップ広告施策単体ではなく、広告施策を横断的に展開してKPIを計測することで、広告施策全体のKGIを達成させるという考え方が重要です。

KGIとKPIの関係についてはP127をご覧ください。

タイアップ広告を実施するメリット

メディアとの提携調整やコンテンツの制作など、ほかの施策に比べて実施工数が多いように見えるタイアップ広告。そんなタイアップ広告施策を実施するメリットについてまとめておきます。

● コンテンツとしてブランドの資産となる

ほとんどの広告は掲載期間が限られていて、期間終了後はアーカイブされずに消えてしまいます。一方でタイアップ広告はあくまでコンテンツの形式をとっているので、公開後もブランドの資産として情報がウェブ上に残り続けます。これによって公開後も定常的なコンテンツへのアクセスや認知度アップへの寄与が期待できます。

一般的な広告が予算投下を止めると消えてなくなってしまう「掛け捨て型」の広告だとすると、タイアップ広告は少しずつブランド資産を増やしていく「積み上げ型」の広告ともいえます。

● これまでリーチできなかったユーザーへ情報を届けられる

メディアには固有の購読者やフォロワー、ファンがいます。タイアップ広告は提携先メディアでコンテンツを通して、これまで自社ネットワークや広告ではリーチできなかったユーザーへ情報を届けることができます。

● 第三者に商品について語ってもらう価値

一般的な広告は企業自らが情報の発信源となり、商品の特徴や魅力をユーザーに伝えます。一方でタイアップ広告はメディアが情報の発信源になり、メディア視点から見た商品の魅力を語ります。

もちろん企業による広告内容に偽りがあるとは言いません。しかし、自社商品のことを悪くいう企業はないことはユーザーも承知の上です。なので企業が発信する広告はある程度割り引いて受け取ってしまっているのです。

タイアップ広告は、そこに企業からメディアへの提携関係こそあれど、第三者が自分の言葉で商品の魅力を語っていることで説得力や納得感が増します。

タイアップ広告を実施する際の注意点

タイアップ広告は通常の投稿と同じく自然な形でユーザーに情報を発信できる広告手法ですが、その投稿が広告である旨をユーザーが理解し、通常の投稿と明確に区別する必要があります。広告主から金銭やその他便益の提供を受けているにも関わらず、それを明示せずに中立的な立場を装って行われる広告はステルスマーケティングと呼ばれています。

古くは芸能人が業者から金銭を受け取り、本当は利用していないサービスを宣伝したことで問題になった「ペニーオークション事件」から、Instagram上でインフルエンサーがメーカーから提供を受けた製品をまるで自分で購入したかのように装って紹介したりなど、ステルスマーケティングに関する問題は、これまで何度となく発生し、そのたびに多くの批判が集まりました。

現在日本においてはステルスマーケティングに関する明確な法規制や罰則はありません。しかしアメリカでは2009年より連邦取引委員会（FTC）が「広告における推奨及び証言の利用に関する指導」の内容を改訂し、ステルスマーケティングに関する規制を明確に定めています **01**。

またイギリスにおいても「不正取引からの消費者保護に関する規則」**02** の中でステルスマーケティングを違法としています。

日本は、法規制こそ行われていませんが、ステルスマーケティングは偽計行為という方向で考え方が概ね一致しています。近年のユーザーは、インターネット上の広告に対して非常に厳しい目を持っています。ステルスマーケティングの疑いを持たれた時点で、それに関わった企業もインフルエンサーも厳しい批判に晒されてしまいます。

SNSでバズるコンテンツにとらわれすぎない

SNSで拡散され、一気に流入が増える。いわゆる"バズる"コンテンツを作ることをコンテンツマーケティングだと認識している方もいます。しかし、バズるコンテンツは、企画にかなりの労力を要しますし、必ずしも意図した拡散数になるとも限りません。一気に流入が集まる反面、流行りが終われば流入もなくなるので、バズるコンテンツだけにとらわれすぎないようにしましょう。

01 FEDERAL TRADE COMMISSION（FTC）「広告における推奨及び証言の利用に関する指導」

https://www.ftc.gov/news-events/press-releases/2009/10/ftc-publishes-final-
guides-governing-endorsements-testimonials

02 「不正取引からの消費者保護に関する規則」

https://assets.publishing.service.gov.uk/government/
uploads/system/uploads/attachment_data/file/284442/
oft1008.pdfguides-governing-endorsements-testimonials

● ステルスマーケティングを防ぐために

　ステルスマーケティングを防ぐために、タイアップ広告を実施する際には投稿に「関係性の明示」が必要です。日本ではステマややらせレビューが起こりやすいクチコミマーケティングの健全な実施・普及を目指して活動する「WOMJ」（WOMマーケティング協議会）**03** という団体が、純粋なクチコミと便益を受けたプロモーションを区別するための関係性明示を義務付けています。

WOMJガイドラインではタイアップ広告には下記の2点をコンテンツ内に掲載することが望ましいとされています。

① 主体の明示：マーケティング主体の名称（企業名・ブランド名など）の明示
② 便益の明示：金銭・物品・サービスなどの提供があることの明示

SNSの場合はハッシュタグを利用したり、スポンサード表示機能を使うことも可能です。

これらのガイドラインは企業やメディアが守るべき姿勢が示されているものの、罰則規定があるわけではなく、個々の事象については広告主に委ねられている部分も多くあります。ガイドラインを遵守することも大切ですが、なによりも広告によって消費者やユーザーを騙すような内容になっていないかを常に考えて施策を進める必要があります。

04 WOMマーケティング協議会

https://www.womj.jp

ステルスマーケティングが発覚すれば広告主側もメディア側も炎上や信用低下など大きなリスクを伴います。またステルスマーケティングが蔓延することで、広告全体の信頼性が低下し業界を衰退させてしまうことも十分考えられます。

ステルスマーケティングは短期的にも長期的にも、広告主側にもメディア側にもメリットのない悪手です。どのような立場であってもステルスマーケティングに加担することは避け、そういった提案をしてくる相手には毅然とした態度で接することが大切です。

Index 用語索引

著者プロフィール

本書のCHAPTER 1の執筆を担当

清野奨（せいのすすむ）

aniuma所属。9歳の頃からコーディングをはじめ、26歳でwebプログラマーとして独立。WordPress を専門としたwebメディアの企画・制作・運用の会社をエストニアに創業。フリーランスとしてはプログラミングができるデジタル領域を専門としたテクニカルマーケターとして活動し、執筆や講演もおこなう。

[URL] https://aniu.ma

本書のCHAPTER 2の執筆を担当

津之地佳花（つのちよしか）

Web広告/Webマーケティングを中心にWebマーケティングビジネスを支援する、株式会社リスティングプラス　デジタルマーケティング事業部　部長。Facebook広告事業の立ち上げからキャリアスタート。現在では40名以上の部下をマネジメントする。運営メディア・リスマガ「Web広告の教科書」では、ビジネスの現場で役立つノウハウを公開中。

[URL] https://ppc-master.jp/
[Web集客の教科書] https://ppc-master.jp/labo/
[Facebook 株式会社リスティングプラス]
https://ja-jp.facebook.com/listingpuls/
[Twitter 株式会社リスティングプラス] @ListingPlus
[Twitter 津之地佳花] @tnc_ysk

本書のCHAPTER 3の執筆を担当

嵩本康志（たけもとやすし）

株式会社GRANND DESIGN所属。Web・DTP・アプリ等、デザイナーとして幅広く活動中。数々のITイベントで受賞、メインデザインを担当。GRANND DESIGNでは不動産のデジタルマーケティングを行い、広告の運用やWebサイトの制作を担当。SBクリエイティブより「ビジネスサイトをこれからつくる WordPressデザイン入門 サイト制作から納品までのはじめの一歩」を出版。

[URL] https://www.meiwa-granddesign.com/
[Facebook] https://www.facebook.com/yasushi.takemoto1
[Twitter] @jack_13_rocket

本書のCHAPTER 4の執筆を担当

村岡雄史（むらおかゆうじ）

「ウェブでグッとくる映像を。」をコンセプトに動画広告の企画・プロデュースを行う株式会社グッドエレファント　代表取締役。戦略的に動画広告を配信する「動画広告プランナー」として活動中。近年は動画広告で認知を広めて、実際の店舗に来店を促す「オフラインコンバージョン」を重要視した動画マーケティングを推進。

[URL] https://good-elephant.co.jp/

本書のCHAPTER 6の執筆を担当

堀口英剛（ほりぐちひでたか）

株式会社ドリップ 代表取締役 CEO。新卒でヤフー株式会社に入社、大手代理店向け広告営業を3年務めた後、平岡雄太と共に株式会社ドリップを創業。「いまぼくらが本当に欲しいもの」をコンセプトに、ファングッズにとどまらないインフルエンサー発のヒット製品を開発・販売している。月間30万人の読者を持つブログ「monograph」と登録者3万人のYouTubeチャンネルを運営。暮らしを少し豊かにするモノのアドバイザーとしてポプラ社より「人生を変えるモノ選びのルール」を出版。

[URL 株式会社ドリップ] https://drip.co.jp/
[URL monograph（ブログ）] https://number333.org/
[URL monograph（YouTube）]
https://www.youtube.com/channel/UCzH-IRXHeF4jox0P4qBxWAQ
[Twitter 株式会社ドリップ] @drip_corp
[Twitter 堀口英剛] @infoNumber333

本書のCHAPTER 6の執筆を担当

平岡雄太（ひらおかゆうた）

株式会社ドリップ 代表取締役 COO。新卒でヤフー株式会社に入社し、SMB向けの広告コンサルタント業務を行う。その後堀口英剛と共に株式会社ドリップを創業。個人では登録者3万人のYouTubeチャンネル「DRESS CODE. channel」を運営。iPadを使ったクリエイティブ活動や、趣味のファッション、カメラについて発信中。

[URL DRESS CODE. channel（YouTube）]
https://www.youtube.com/channel/UC7P3bmkbTdAXaJYzhuF2obA
[Facebook 平岡雄太]
https://www.facebook.com/profile.php?id=100003167313270
[Twitter 平岡雄太 / Fukulow] @yuta_black

本書のIntroduction、CHAPTER 5の執筆を担当

染谷昌利（そめやまさとし）

株式会社MASH 代表取締役。1975 年生まれ。12 年間の会社員時代からさまざまな副業に取り組み、2009年にインターネット集客や収益化の専門家として独立。現在はブログメディアの運営とともに、コミュニティ運営、書籍の執筆・プロデュース、企業や地方自治体のアドバイザー、講演活動など、複数の業務に取り組む。著書に『ブログ飯 個性を収入に変える生き方』『クリエイターのための権利の本』、『複業のトリセツ』など多数。

[URL] https://someyamasatoshi.jp/
[Twitter] @masatoshisomeya

●制作スタッフ

装丁	赤松由香里(MdN Design)
本文デザイン・イラスト	加藤万琴
DTP	佐藤理樹(アルファデザイン)
編集	小関匡
編集長	後藤憲司
担当編集	後藤孝太郎

1億人のインターネット広告
ヒットを生み出す最強メソッド

2020年3月11日　初版第1刷発行

著者	清野 奨、津之地佳花、嵩本康志、村岡雄史、平岡雄太、堀口英剛、染谷昌利
発行人	山口康夫
発行	株式会社エムディエヌコーポレーション 〒101-0051　東京都千代田区神田神保町一丁目105番地 https://books.MdN.co.jp/
発売	株式会社インプレス 〒101-0051　東京都千代田区神田神保町一丁目105番地
印刷・製本	中央精版印刷株式会社

Printed in Japan

【 内容に関するお問い合わせ先 】
株式会社エムディエヌコーポレーション カスタマーセンター メール窓口

info@MdN.co.jp

本書の内容に関するご質問は、Eメールのみの受付となります。メールの件名は「1億人のインターネット広告　質問係」とお書きください。電話やFAX、郵便でのご質問にはお答えできません。ご質問の内容によりましては、しばらくお時間をいただく場合がございます。また、本書の範囲を超えるご質問に関してはお答えいたしかねますので、あらかじめご了承ください。

【カスタマーセンター】
造本には万全を期しておりますが、万一、落丁・乱丁などがございましたら、送料小社負担にてお取り替えいたします。お手数ですが、カスタマーセンターまでご返送ください。

【落丁・乱丁本などのご返送先】
〒101-0051　東京都千代田区神田神保町一丁目105番地
株式会社エムディエヌコーポレーション カスタマーセンター
TEL：03-4334-2915

【書店・販売店のご注文受付】
株式会社インプレス　受注センター
TEL：048-449-8040 ／ FAX：048-449-8041

ISBN978-4-8443-6967-7　C3055